SCIENCE

我与科学捉迷藏
QINGSHAONIAN AI KEXUE
少年爱科学
李慕南　姜忠喆◎主编 〉〉〉〉

WO YU KEXUE ZHUOMICANG

及科学知识，拓宽阅读视野，激发探索精神，培养科学热情。

用距离丈量科学

25

★ 包罗各种科普知识，汇集大量
现一有生动有趣的科普世界，
么问题，探索之旅更多神奇

U0742214

吉林出版集团
北方妇女儿童出版社

图书在版编目(CIP)数据

用距离丈量科学 / 李慕南,姜忠喆主编. —长春：
北方妇女儿童出版社,2012.5 (2021.4重印)
(青少年爱科学. 我与科学捉迷藏)
ISBN 978 - 7 - 5385 - 6314 - 6

Ⅰ.①用… Ⅱ.①李… ②姜… Ⅲ.①几何学 - 青年
读物②几何学 - 少年读物 Ⅳ.①O18 - 49

中国版本图书馆 CIP 数据核字(2012)第 061958 号

用距离丈量科学

出 版 人	李文学	
主　　编	李慕南　姜忠喆	
责任编辑	赵　凯	
装帧设计	王　萍	
出版发行	北方妇女儿童出版社	
地　　址	长春市人民大街 4646 号 邮编 130021	
	电话 0431 - 85662027	
印　　刷	北京海德伟业印务有限公司	
开　　本	690mm × 960mm　1/16	
印　　张	12	
字　　数	198 千字	
版　　次	2012 年 5 月第 1 版	
印　　次	2021 年 4 月第 2 次印刷	
书　　号	ISBN 978 - 7 - 5385 - 6314 - 6	
定　　价	27.80 元	

前　　言

科学是人类进步的第一推动力,而科学知识的普及则是实现这一推动力的必由之路。在新的时代,社会的进步、科技的发展、人们生活水平的不断提高,为我们青少年的科普教育提供了新的契机。抓住这个契机,大力普及科学知识,传播科学精神,提高青少年的科学素质,是我们全社会的重要课题。

一、丛书宗旨

普及科学知识,拓宽阅读视野,激发探索精神,培养科学热情。

科学教育,是提高青少年素质的重要因素,是现代教育的核心,这不仅能使青少年获得生活和未来所需的知识与技能,更重要的是能使青少年获得科学思想、科学精神、科学态度及科学方法的熏陶和培养。

科学教育,让广大青少年树立这样一个牢固的信念:科学总是在寻求、发现和了解世界的新现象,研究和掌握新规律,它是创造性的,它又是在不懈地追求真理,需要我们不断地努力奋斗。

在新的世纪,随着高科技领域新技术的不断发展,为我们的科普教育提供了一个广阔的天地。纵观人类文明史的发展,科学技术的每一次重大突破,都会引起生产力的深刻变革和人类社会的巨大进步。随着科学技术日益渗透于经济发展和社会生活的各个领域,成为推动现代社会发展的最活跃因素,并且成为现代社会进步的决定性力量。发达国家经济的增长点、现代化的战争、通讯传媒事业的日益发达,处处都体现出高科技的威力,同时也迅速地改变着人们的传统观念,使得人们对于科学知识充满了强烈渴求。

基于以上原因,我们组织编写了这套《青少年爱科学》。

《青少年爱科学》从不同视角,多侧面、多层次、全方位地介绍了科普各领域的基础知识,具有很强的系统性、知识性,能够启迪思考,增加知识和开阔视野,激发青少年读者关心世界和热爱科学,培养青少年的探索和创新精神,让青少年读者不仅能够看到科学研究的轨迹与前沿,更能激发青少年读者的科学热情。

二、本辑综述

《青少年爱科学》拟定分为多辑陆续分批推出,此为第四辑《我与科学捉迷藏》，以"动手科学，实践科学"为立足点，共分为 10 册，分别为：

1.《边玩游戏边学科学》

2.《亲自动手做实验》

3.《这些发明你也会》

4.《家庭科学实验室》

5.《发现身边的科学》

6.《365 天科学史》

7.《用距离丈量科学》

8.《知冷知热说科学》

9.《最重的和最轻的》

10.《数字中的科学》

三、本书简介

本册《用距离丈量科学》讲述了长度的故事。未来建在太空中的引力波观测台的探测臂长是多少？离地球最近的一颗近地小行星与地球的距离是多少？地球到月球的距离是多少？光每秒行进的距离是多少？人类首次环球海洋考察的航程是多少？全球性大断裂谷长度是多少？地球的直径是多少？美国 X－43A 实验飞机的最高飞行时程是多少？首次进行联网的两台计算机间距离是多少？青藏铁路全长是多少？大气层的高度是多少？……答案尽在书中。

本套丛书将科学与知识结合起来，大到天文地理，小到生活琐事，都能告诉我们一个科学的道理，具有很强的可读性、启发性和知识性，是我们广大读者了解科技、增长知识、开阔视野、提高素质、激发探索和启迪智慧的良好科普读物，也是各级图书馆珍藏的最佳版本。

本丛书编纂出版，得到许多领导同志和前辈的关怀支持。同时，我们在编写过程中还程度不同地参阅吸收了有关方面提供的资料。在此，谨向所有关心和支持本书出版的领导、同志一并表示谢意。

由于时间短、经验少，本书在编写等方面可能有不足和错误，衷心希望各界读者批评指正。

本书编委会

2012 年 4 月

目　　录

一、奇妙的长度

二、现代测量基础

三、现代测量技术

一、奇妙的长度

宇宙半径

你能想象的最大距离有多大？是浩瀚无边、茫茫无际吗？或者，你想告诉大家说，宇宙有多大，我们能想象的距离就有多大？

宇宙有时候是指天地万物，如我们的古人所说："上下四方曰宇；往古来今曰宙，以喻天地。"我们能够观测到的世界一直在变大，从地球扩展到太阳系，从太阳系扩展到银河系，再扩展到河外星系、星系团乃至总星系。

大致在公元 2 世纪，托勒密提出了一个完整的地心说：地球静止地位于宇宙的中央，月亮、太阳和诸行星以及最外层的星天都在以不同的速度绕着地球旋转，那时，人类所能想象得到的最大距离就是地球到太阳的距离。

1543 年，哥白尼提出日心说，认为太阳位于宇宙的中心，而地球则是一颗沿圆形轨道绕太阳公转的普通行星。随后人们逐渐建立起了科学的太阳系概念。那时，人类所能想象得到的最大距离就是太阳系到银河的距离。

18 世纪上半叶，许多科学家推测布满天际的恒星和银河构成了一个巨大的天体系统，并构造出太阳居中的银河系结构图。以此为起点，科学家逐渐建立起科学的银河系概念。我们现在知道银河系的直径约 10 万光年，太阳位于银河系的一个旋臂中，距银心约 3 万光年。

20 世纪 20 年代，哈勃用造父视差法测量地球到仙女座大星云等的距离，确认了河外星系的存在，不仅发现了星系团、超星系团等更高层次的天体系统，而且使人类的视野扩展到了更深更远的宇宙深处。今天，我们已观测到的星系大约有 10 亿个。星系也聚集成上万个星系团，每个星系团约有百余个星系，直径达上千万光年。几个或者几十个星系团构成超星系团。那时，人类能够观测到的最大距离已是银河系到邻近星系的距离。

1929 年，哈勃发现星系红移与它的距离成正比，建立了著名的哈勃定律。

接下来，伽莫夫等人提出了热大爆炸的宇宙模型，又有科学家在热大爆炸宇宙模型的基础上提出了暴涨宇宙模型。这些模型试图揭示宇宙起源以及宇宙演变的秘密。现在，人类的想象力似乎越来越接近宇宙的边缘了。然而，这还只是"我们的宇宙"，按照最新理论，宇宙间应该有许多或许与我们的宇宙一样的并行宇宙，它们与我们的宇宙之间没有信息交流。

那么，就先说"我们的宇宙"吧，它到底是有限大还是无限大，这一直是科学家们争论不休的问题。如果要给出一个暂时的答案的话，宇宙半径为 10^{25} m 是一个较好的选择。10^{25} m，也就是大致 10^9 亿光年，这大概是我们目前所知道的最有意义的最大距离，是宇宙的半径。这个数字与我们目前所知道的最有意义的最小距离 10^{-15} m，即质子的康普顿波长之间，相差一个更大的数，为 10^{40}，这就是最大距离与最小距离之间的倍数。

在前沿科学领域，科学数据不是确定不变的，它们会随着新的科学发现而被修正。关于宇宙半径为 10^9 亿光年这个数据也只是在一定的时期之内的一个参考数据，新的发现或理论都可能使其扩大或缩小，这也就是科学研究、科学发现的魅力的一种体现。

宇宙大尺度结构 "星系长城" 的长度

地理学家在探索未知的疆域时，要通过详细的测量，绘制出具有各个方位和坐标的地图，使我们了解不同地点的位置关系。天文学也是这样。早在远古时代，人类就开始详细观察和记录天体的位置和运行特点，试图绘制能够反映天体之间的结构关系和地球所在位置的 "天图"。欧洲文艺复兴后，经过数代科学家如哥白尼、伽利略、第谷、开普勒、牛顿等人更精确的观测和计算，终于为我们描绘出了第一幅科学的太阳系天体结构图。

如今，天文学家借助越来越大的天文望远镜和各种新的探测技术，能够观察到越来越多和离我们更加遥远的天体，绘制出范围越来越广的银河系天图、本星系群天图和超星系团天图等。但这些与浩瀚无垠的宇宙相比，只属于小尺度结构，就如同太平洋中某个无名小岛的地图一样，远不能反映整个海洋的真实模样。

近些年来，天文学家们已在着手绘制更大范围的宇宙大尺度结构图。这项研究名为 "斯隆数字化寻天观测计划"，由来自世界各国的 200 多名天文学家共同参与，目的是对整个星空的 1/4 进行全面系统的观测，拍摄完整的数字化照片，编制详细的三维星空图。研究人员利用装备数码相机的天文望远镜，通过数百条光纤，一次可记录 640 个天体的光谱，最终将确定 1 亿多个天体的坐标位置和绝对亮度，以及它们与地球的精确距离。此次观测的范围比以往人类所观测过的星空范围扩大了 100 多倍，达到了人类到目前为止借助最先进的光学望远镜所能看到的全部宇宙的极限。

这项研究预计到 2008 年全部完成。根据初步观测结果，天文学家们已相当精确地绘制出了包括数十万个星系在内的、距离从 1 亿光年到 20 亿光年的宇宙大尺度结构天图。这幅天图一公布，几乎令所有人都大吃一惊。因为以前天文学家一直认为，由于宇宙大爆炸时向所有方向膨胀的力量和速度都是均匀的，因此尽管在局部地区会形成恒星或真空，但在宏观上各种天体在宇宙中的分布也应该大致是均匀的，各处的星系数量相差应该不太多，然而实际看到的结果却并非如此。

在这幅图中，我们所在的银河系只是其中一个微不足道的"颗粒"，无数个这样大小的"颗粒"相互串接起来，形成长长的类似海绵状的条带，周围没有星系的地方则好似巨大的气泡状空洞。这有点像小朋友们爱吃的棉花糖，似乎所有星系都粘附在拉长的"糖丝"上，而"糖丝"之间却是空空的，不过这些空洞的范围达几千万光年。尤其令人称奇的是，有几根"糖丝"特别粗壮，在宇宙空间中蜿蜒延伸，很像著名的中国万里长城，为此科学家给它们起了个别称，叫做"星系长城"。其中最长的一条绵延13.7亿光年。

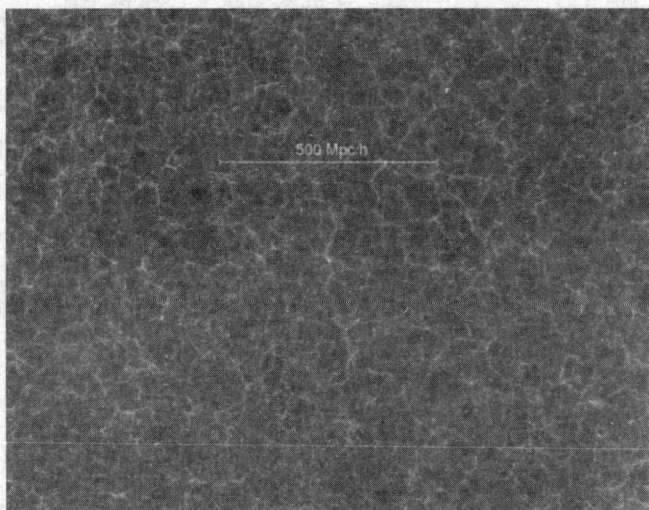

宇宙的大尺度结构，其中标尺长度约合 16 亿光年

"本星系群"空间区域范围

晴朗的夜晚，仰望天空，繁星闪烁，令人神驰。天文学家告诉我们，就像人们喜欢集中住在某个城市一样，一大群恒星也喜欢"扎堆"聚在某个"星城"里，这个"星城"就叫星系。人类所处的银河系便是由上亿颗恒星聚在一起组成的，而宇宙中有无数个这样的星系。

根据美国哈勃太空望远镜的最新观测结果，我们所能看到的宇宙中至少有500亿个星系，它们的形状外表千奇百怪，但大致可分为旋涡星系、椭圆星系和不规则星系3类。旋涡星系的特征是中间有一个厚厚的核球，称为星系核，被一个带有旋臂的旋涡状的圆盘包围着，银河系和仙女座星云都属于旋涡星系。椭圆星系是星系中数量最多的类型，大约占全部已知星系数量的60%，它们的外形有点像旋转的鸡蛋。

旋涡星系和椭圆星系都是宇宙中最早诞生的星系，不同的是，旋涡星系仍然具有旺盛的活力，其中的大部分恒星按固定的轨道运行，在星系的外围区域仍在不断生成新的恒星，例如银河系平均每年大约生出10余颗新的恒星。而椭圆星系则似乎丧失了活力，大部分恒星的温度都已变冷，并且似乎没有固定的运行轨道，就像是一大群嗡嗡乱飞的马蜂一样。不规则星系大约占全部已知星系数量的10%，它们都是较晚生成的星系，或许是由于附近其他星系的引力作用而使其失去了规则的外形；又或许是它们太年轻了，还未来得及形成规则的外形；在它们的内部正经历着活跃的恒星生成过程。

天文学家发现，像恒星会"扎堆"为星系一样，星系也不是无规则地散布在宇宙中，而是大部分都聚集成团，这颇有点像我们居住的一些城市会组成都市圈，例如中国著名的"长江三角洲都市圈"、"珠江三角洲都市圈"等。

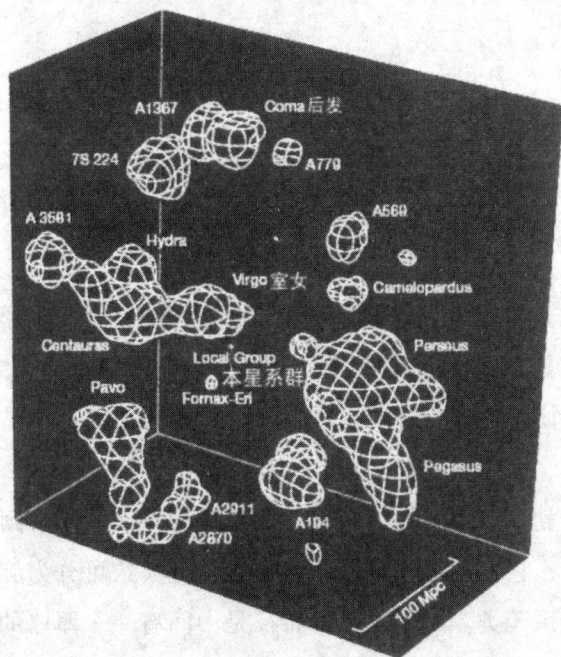

本超星系团的三维结构，本星系群位于图中央。

图中标尺长度约合3．26亿光年

在我们的银河系附近有40多个不同形状和大小的星系，包括仙女座星云及其伴星系、大小麦哲伦星云、人马座矮星系、玉夫座星系群、天炉座星系群等，它们由于相互间的引力拖曳而共同组成一个松散的星系团，天文学家称之为"本星系群"。当这些成群的星系在宇宙空间运动时，它们行动的方向和速度几乎一致，彼此间离得不太远，占据的空间区域的线度大约为400万光年。

宇宙中其他星系也大都组成星系团。其中最著名的要数后发座星系团，它的形状近似为椭球状，距离我们约3.5亿光年，大约包含有1.1万个星系，星系间的平均距离只有30万光年左右，占据的空间区域的线度约为800万光年。另外，在室女座还有一个巨大的星系团，距离我们约5 000多万光年，占据的空间区域的线度也为数百万光年，大约有1千多个星系成员。

宇宙大爆炸产生时引力波的波长

中国先秦时代著名词人屈原在《天问》中曾这样问："天何所沓？十二焉分？日月安属？列星安陈？"用现在的话简单地说，就是"天上的日月和星辰在各自的位置井然有序，是什么神奇的力量把它们组合安排在一起的呢？"

这个问题直到牛顿提出了万有引力定律才得到解决。牛顿认为，天体相互间存在引力作用，引力使天体沿着各自的轨道运转，而引力的来源则在于天体自身拥有的质量。

20世纪初，著名科学家爱因斯坦发表了广义相对论，提出所谓引力不过是时间与空间的一种属性，并由此预言了引力波的存在。因为物体加速运动时，时空的质量分布会发生剧烈改变，导致时空结构产生剧烈震荡，并以光速按波的形态传播到整个时空中。这有点像调皮的孩子向平静的湖水中投入一粒石子，从而形成阵阵涟漪，一直散布到整个湖面。

像黑洞这样的天体，由于它的强大引力使得连光都无法从中逃出，所以我们根本无法通过望远镜观测到它们。另外由于视距原因，我们也无法看到宇宙中以光速退行的最遥远和最古老的天体。而像宇宙大爆炸这类过去发生的事件，由于时光无法倒流，我们只能根据间接证据来推测。如果我们能够探测到引力波，就找到了一种观察这些天体的最新方法，因为据预测，引力波可以无障碍地穿越时间和空间，在传播途径中不会像电磁波那样容易衰减，既不会被其他物质所遮蔽或吸收，也不会发生散射，能够把遥远处的信息和很久以前发生过的事情真实地再现出来。根据科学家们的推算，超新星爆发时产生的引力波波长大约为300～3万km；质量为几千个太阳的巨型黑洞在吞噬其他天体时发出的引力波，其波长可达数十万甚至上百万千米；而大约137亿年前宇宙大爆炸时产生的最早的引力波，其波长可达10光年，它携带着宇宙创生的信息，在茫茫太空中久久回荡，至今不绝。

1974 年，美国天文学家泰勒等人通过射电望远镜发现，银河系中一个快速自转的中子星和它的伴星在引力作用下相互绕行，它们因引力波的作用而逐渐损失能量，相互旋转一周所花的时间逐年减少，彼此间则相互靠近。这是迄今得到的能够证明引力波的确存在的唯一间接证据，泰勒因此获得了1993 年的诺贝尔物理学奖。

目前科学家们已在世界各地建成 5 个大型引力波观测台，包括位于美国路易斯安那州利文斯敦和华盛顿州汉福德的 LIGO、德国的 GEO 600、日本的 TAMA300，以及近年法国与意大利合作建成的 VIRGO。2004 年初，美国航空航天局还发射了"引力探测器－B"卫星，首次试图在太空探测地球附近因发生引力效应而导致的时空结构波动。

法国与意大利合作建成的"室女座"引力波观测仪

比邻星到太阳系的距离

俗话说"远亲不如近邻"，这说明了与我们很近的邻居对我们生活的重要性。"比邻"的意思是很近的距离，可是在天文学上的"比邻"却是令人难以想象的遥远。

在广阔无垠的天空中，有许许多多的恒星，离我们太阳系最近的恒星是哪一颗呢？要想了解这一点，首先要确定恒星离我们究竟有多远。

大家在数学课上都学过等腰三角形，只要知道底边的长度及其对应夹角的度数，就能够很快求出腰线的长度。测量恒星的距离也是这样，天文学家称之为"视差法"。由于大多数恒星都离我们非常远，从地球上看几乎恒定不动，只有距我们较近的恒星才会出现人所能察觉得到的微小移动，我们就以大多数恒星作为不动的星空背景，选定一颗位置有微小移动的恒星，以地球

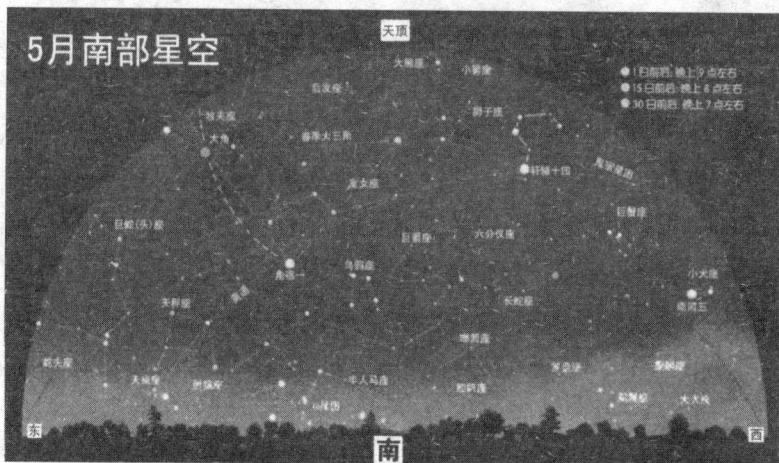

每年 5 月，半人马座位于南部星空的正下方，半人马座 α 是夜晚星空中第三亮的星

围绕太阳公转轨道的直径作为底边的长度，每隔半年即在底边的两端分别观测它一次，测量出它在这段时间内相对星空背景的微小移动角度——天文学家称之为"周年视差"，再运用三角学原理，求出这颗恒星与我们的距离。

1837 年，德国天文学家贝塞尔用这种方法，首次测量出一颗名为"天鹅座 61"的恒星周年视差为 0.31 角秒，距离我们大约有 100 万亿 km。由于用万亿 km 作单位来衡量恒星距离很不方便，天文学家就改以光在一年中走过的距离作为新的单位，1 光年约为 9.46 万亿 km。这样算来，天鹅座 61 距离我们约为 11 光年。

此后不久，英国天文学家亨德森测量出另一颗恒星半人马座 α 星的周年视差为 0.75 弧秒，也就是说，它距离我们只有 4.3 光年。后来天文学家用更

通过望远镜要以分辨出半人马座 α 其实由三颗星组成，最小的一颗是比邻星，它是距离我们最近的一颗恒星

大的望远镜观察，才发现原来半人马座 α 是三颗星聚在一起，在两颗明亮的双星旁边有一颗非常暗的红矮星，天文学家称其为半人马座 α 星 C，当它运行到正对着太阳系的方向时离我们仅 4.22 光年左右，所以它才是离我们最近的恒星，我们称之为比邻星。

太阳系到比邻星的距离大约是太阳到冥王星距离的 7 000 倍。若以百米跑道的长度比喻太阳系到比邻星的距离，则太阳系仅相当于一只蚂蚁大小的运动员。银河系的直径约为 10 万光年，最近的大麦哲伦云星系距地球约 18 万光年。同浩瀚的星际空间相比，我们的太阳系实在是太渺小了。即使搭乘目前速度最快的宇宙飞船飞往比邻星去旅行，来回路程也要花费 20 万年。宇宙之大，虽说是比邻却远在天涯!

如今，凭借最先进的天文望远镜和精密测量仪器，特别是采用光电测量技术，天文学家利用视差法已测定出数十万颗恒星与我们的距离，最小视差精度为 0.002 角秒。不过这已经是直接测量天体距离的极限了，视差法只适用于距离我们几百光年以内的恒星，更远的恒星的距离必须用其他方法间接测定。

太阳到地球的距离

太阳到地球究竟有多远？早晨和中午的太阳与地球的距离是一样的吗？这是在先秦寓言里，两个小孩求教于圣人孔子而孔子也无法回答的问题。

古希腊天文学家阿里斯塔克曾经试图用几何方法测定太阳到地球的距离。这种方法理论上是正确的，但需要测出角度的极小差值，不用现代的仪器是无法得到精确数据的。阿里斯塔克计算的结果是地球到太阳的距离为地球到月球距离的 20 倍。

1650 年，比利时天文学家温德林用改进过的仪器重复阿里斯塔克的观测，断定地球到太阳的距离并不是到月球距离的 20 倍，而是 240 倍，即 9 600 万 km。这一结果仍然太小，但比过去有了很大进展。

1673 年，法国天文学家卡西尼与里奇合作，首次利用火星大冲的机会，也就是在巴黎和赤道附近的法属圭亚那分别测量出两地间火星的视差，由此计算出地球到太阳的距离是 13 800 万 km，比真实的距离仅小 7%。

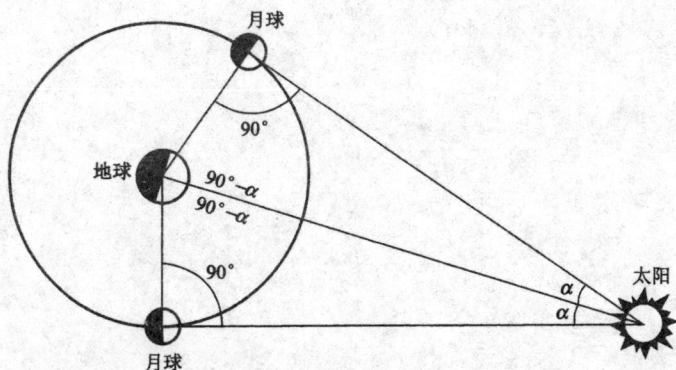

阿里斯塔克根据发生日食、月食时月球和地球阴影比例的大小，

推测太阳比地球大得多，月球比地球小

20 世纪 60 年代以后，科学家通过用雷达脉冲波束精确测定金星至地球的距离，然后推算出地球与太阳最近的距离约为 1.471 亿 km，最远距离约为 1.521 亿 km，日地平均距离为 149 597 870 km。这段距离相当于地球直径的 11 700 倍，乘坐时速 1 000 km 的飞机要花 17 年才能到达太阳，发射 11.23 km/s 的宇宙飞船也要经过 150 多天才能到达，太阳发出的光经过这段路程需要 8 分多钟。

1976 年，国际天文学联合会将太阳到地球的平均距离定义为 1 天文单位，近似 1.5 亿 km。太阳系里其他行星的距离也都用天文单位来表示。例如火星到太阳的平均距离为 2.27 亿 km，相当于 1.52 天文单位；土星到太阳的平均距离为 14.27 亿 km，相当于 9.54 天文单位；冥王星到太阳的平均距离为 59.17 亿 km，相当于 39.55 天文单位。

现在，我们知道，早上、中午的太阳与地球的距离基本没有什么不同，而是视觉的误差和错觉造成的。利用一天之中气温的高低，并不能作为判定太阳与地球距离的依据，影响气温的因素复杂得很。

未来建在太空中的引力波观测台的探测臂长

爱因斯坦曾预言，宇宙中存在引力波。

从 20 世纪 60 年代起，科学家们便一直尝试发展各种引力波探测技术，努力研制更加灵敏的探测仪器。数年前，美国、德国、日本以及法国与意大利等国的科学家们在世界各地先后建造了 5 座大型引力波观测台。这些仪器都采用迈克尔逊激光干涉原理，探测臂由两个成 90 度垂直交叉的长长的真空管臂组成，臂长从 4 km 到 300 m 不等，探测精度可达到 10^{-19} m，相当于观测到一个氢原子大小的亿分之一。但由于地球表面充满各种如地震、刮风、汽车和火车驶过时发出的振动等干扰，这些观测仪迄今也未得到任何有关引力波存在的证据。

究竟是爱因斯坦错了，宇宙中根本就没有引力波这种东西，还是由于它实在过于微弱，以现有的技术手段难以探测到？目前科学界对此争论很大。因为引力波不同于我们所知道的物质世界中的其他任何一种波，它来无踪去无影，即使距离我们较近的银河系中发生的超新星爆发、黑洞合并、中子星碰撞等最剧烈的天文事件，其能量足以冲击附近的恒星，但宇宙实在太辽阔了，当引力波传播到地球上时，已微弱得只能震动一个电子！其探测难度可想而知。

为了避开地球表面的振动干扰，科学家们提出了将引力波观测台建在太空中的设想。这样做还有一个好处，那就是由于一些引力波的频率很低，波长达数十万甚至上百万千米，在地球上根本不可能建造这么大的测量仪器。

目前，欧洲航天局与美国航空航天局的科学家正在联合设计制造一个不久后将安置在太空中的引力波观测台，其全称为"激光干涉太空天线"，简称 LISA，计划在 2011 年发射升空。这座引力波观测台包括 3 个携带有激光干涉测量仪的太空飞行器，每个飞行器里面都有一个光学望远镜和一个激光发射与光电接收装置，以及一个被称为"检验物质"的立方金属块。在太空的失重环境中，小金属块各自悬浮在飞行器中的真空室内，体积不受温度变化的影响，只有在受到引力波作用时才发生微小的伸缩变化。这种变化可以通过激光干涉方法加以精确测量。

这3个太空飞行器升空后彼此间相距500万km，相当于地月之间距离的10倍以上。飞行器上装有最新型的微小推力火箭，用于修正由于太阳风和太阳辐射压力造成的微小轨道变化，使定位精度保持在一亿分之一米以内。干涉测量仪相互发射的激光构成一个等边三角形，成为探测臂长达500万km的太空引力波探测台，预计有望能够探测到来自银河系的极微弱的引力波。

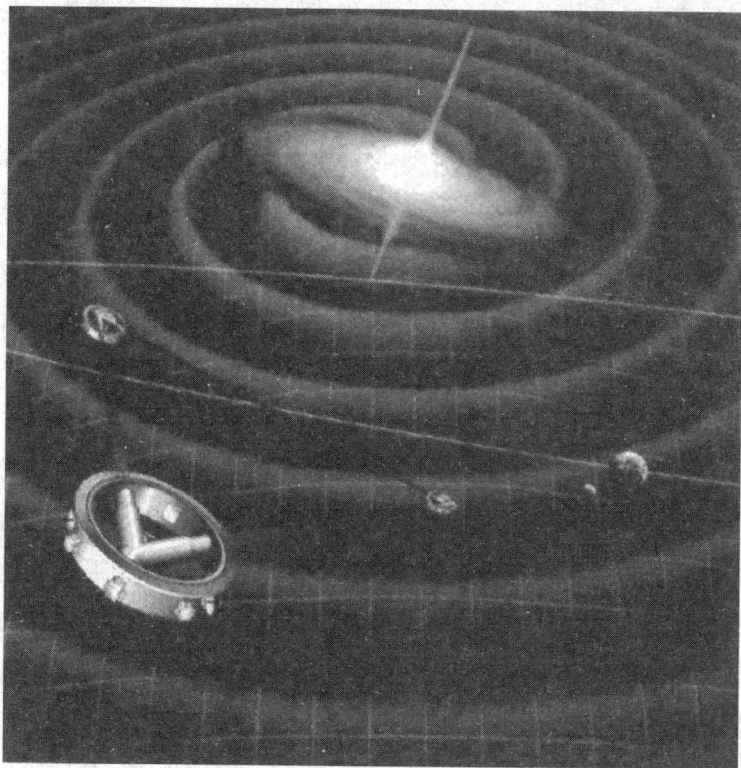

未来建在太空中的引力波观测台 LISA 示意图

离地球最近的一颗近地小行星与地球的距离

　　小行星是最近 200 多年才发现的一种距离我们地球很近的小型天体。经过历代科学家的不断观测研究，特别是近十几年来通过各种先进的天文光学和射电望远镜对小行星的物理、化学等性质进行大量详细的分析，人们已了解到，大多数小行星都是一些形状很不规则的松散石块，成分包括镍、铁及硅酸铁和硅酸镁，以及碳、氢、氮、水和其他一些化学挥发物质。在地球上可观测到的小行星直径大多在 100～200 km 之间。此外还有很多我们看不到的直径更小的小行星，估计可能有上百万颗。

　　大多数小行星的轨道都是近似圆形的，只有少数例外。一些小行星受到邻近的巨大的木星的引力作用，脱离原先的轨道，有些甚至跑到了地球轨道附近，被称为近地小行星。目前科学家们已发现了 1 600 多颗近地小行星，其中一颗与地球的最近距离仅 750 万 km。在地球的早期历史上，曾经有无数小行星猛烈撞击过地球，甚至有的科学家认为早期干涸的地球上水和生命的种子就是这些小行星带来的。

　　对于小行星的起源，目前存在着很多猜测和争议。早期人们认为，在火星和木星之间原来曾有一颗大行星，后来不知道什么原因破碎了，留下许多小的残余碎片。但这种解释被后来的天文学家否定了，因为通过光谱分析发现，小行星彼此间的成分差异很大，可以认为它们从未组成过单一行星。

　　根据最新的观点，小行星与大行星都是在大约 50 亿年前从太阳原始星云中形成的。星云中旋转的尘埃颗粒和气体原子聚合为大量团块，又称"星子"。其中位于太阳系其他区域的星子通过吸积周围的物质，最后演化成为大行星。而位于火星与木星之间区域的星子，由于受到附近的巨大的木星的引力扰动，打乱了原本正在进行的行星演化过程。由于没有经过引力吸积所引起的高温熔融作用，这些小天体保持了与数十亿年前太阳原始星云中相近似的物质成分和形态，成为研究太阳系早期形成和演化的珍贵"化石"。

从1991年至今，先后有多艘探测飞船分别考察了951号加斯帕、243号艾达、253号马蒂德、433号爱神星等多颗小行星，拍摄了近距离高分辨率的小行星照片，测定了其质量和密度，研究了小行星的岩石类型和地质概况，绘制了详细的三维星面图，分析了其表面物质的主要元素和矿物组分，极大地丰富了科学家们对关于小行星的特性和起源等方面的问题的认识。2007年9月，美国又发射了"黎明号"飞船，它将首次探访灶神星、谷神星及位于火星和术星之间的小行星带。

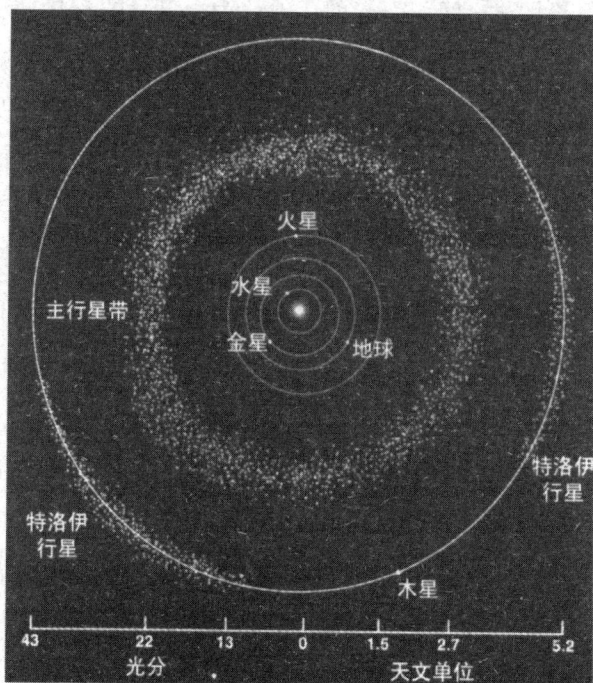

位于火星和木星之间的小行星带光分是光1分钟走过的距离1光分≈1.80×10^7km1 天文单位 ≈ 1.50×10^8km

地球到月球的距离

明月当空，常常引发人们无限的遐想。李白望月思故乡，苏轼把酒问青天。天文学家则想要知道"嫦娥"从地球飞向月球究竟要走多远的路。

古希腊人认为，月亮和太阳与水星、金星、火星、木星和土星一样，都是"行星"，它们分别镶嵌在自己的那层"天穹"上，围绕着地球旋转。离我们最近的是月亮，因为它运动得最快，每28天半便在天上转一个圈。

公元前250年，一位名叫阿里斯塔克的古希腊天文学家猜测，月食是因为地球走到太阳与月球之间而引起的。他认为，弯月的形状显示了地球映在月面上的阴影，据此可以计算出地球与月球的相对大小，只要知道地球直径的大小，就可以用几何方法求出地球到月球的距离。100年后，另一位古希腊天文学家喜帕恰斯根据当时已知的地球直径，计算出月球到地球的距离约合38万km，月球直径大约是地球直径的1/4，约合3 000 km。

公元2世纪，古希腊天文学家托勒密首次采用视差法测量了地球到月球的距离。所谓视差就是观测者在两个不同位置看到同一物体的角度之差，以远处的恒星作为测量的背景。托勒密用视差法测得的月球到地球的距离与喜帕恰斯的推算值几乎相同。

17世纪，英国天文学家霍罗克斯根据开普勒行星运动定律和实际观测数据，首次证明月球在椭圆轨道上绕地球运行。此后，法国天文学家拉卡伊测得月球与地球之间更准确的平均距离约为38.44万km，其中近地点距离为36.33万km，远地点距离为40.55万km。

20世纪60年代雷达和激光技术诞生后，科学家又分别用雷达和激光测定月球距离。美国"阿波罗"登月航天员在月球上安放了激光反射装置，使测距精度达到误差不超过8 cm的程度。根据最新的激光仪器测距结果，科学家

1992 年"伽利略号"飞船拍摄的地月合影

们发现月球正在逐渐远离地球，平均每年约远离3.8 cm。最新公布的月球到地球之间的平均距离为38.440 1 万 km。

　　对于人类的太空探索而言，38.4 万 km 是一个较短的距离，古时候只有想象中的长袖善舞的嫦娥才能飞越的时空，如今已被科学家用科学技术成功地穿越了。

光每秒行进的距离

在光速面前，"光阴似箭"这样的比喻显得非常不贴切，因为光的速度实在太快了，它是目前我们的科学理论所能确定的物体运动的最快速度。

人类很久以前就开始对光感兴趣。古代学者根据观察已经知道：光能够沿着直线路径行进；光从镜面反射的角度等于它射向镜面的角度；光束从空气中进入玻璃、水或者其他透明物质时会发生折射；……

我们都知道伽利略是欧洲文艺复兴时期最著名的科学家之一，据传是他最早在比萨斜塔上进行了自由落体实验，此外他还发明了望远镜。但很多人可能不知道，伽利略还是头一个试图测定光速的人。他让两个人各执一盏灯分别站在两座山头上，一人将灯打开，另一人看到后也立刻打开灯，通过测量两座山头的距离和两人先后开灯的时间差来计算光速。显然，用这种方法根本不行，因为光跑得太快了，人的反应速度不足以反映实际的时间差。

1887 年迈克耳逊与莫雷合作实验所用的光学干涉仪

美国科学家迈克耳逊

半个世纪之后，丹麦天文学家罗默根据木星卫星的星蚀时间，首次计算出光的传播速度大约是22.5万 km/s，但同时代的人都不相信，因为这个值太大了。

1849年，法国科学家斐索利用高速旋转的齿轮，让光束通过齿轮的间隙射向8 km外的镜子，再反射回来，通过测量齿轮的转速，计算出光速约为30万 km/s。同时代的法国物理学家傅科也进行了类似的实验，他还测定了光在各种液体中的速度，发现远远低于在空气中的速度。

美国科学家迈克尔逊从1879年开始，对斐索与傅科的光速测量方法不断进行改进。1882年迈克尔逊和化学家莫雷开始合作进行测光速实验。他们使用长达1.6 km的抽去了空气的钢管，测出光在真空中的速度为299 796 km/s，并且还证实了各种不同波长的光在真空中的速度都是一样的。1887年，迈克尔逊和莫雷通过光的测量实验，动摇了牛顿经典物理学的基础。

从古希腊时起，就有人不断提出自然界存在一种被称为"以太"的介质，认为光在真空中是通过"以太"来传播的。17世纪包括牛顿在内的许多科学家都相信这个说法。牛顿提出，空间（包括"以太"）本身是静止的，因此称为"绝对空间"，地球、太阳、恒星以及宇宙万物都在其中作相对运动，只要确定物体相对于"以太"的运动，就能找到这个物体的"绝对运动"。

为了检验这一点，迈克尔逊和莫雷利用光的干涉现象进行了非常精确的测量，结果不管将仪器朝着地球运动的哪个方向，都始终没有发现地球有任何相对于"以太"的运动。如此一来，只有两种可能，要么是"以太"随着地球一起运动，但这会使"以太"变得毫无意义；要么是根本就没有"以太"这种东西。而无论哪种情况，都不存在牛顿所说的"绝对运动"或"绝对空间"。这项发现后来导致了相对论的诞生。迈克尔逊因此而获得了1907年的诺贝尔物理学奖。

进入20世纪后，科学家通过更精密的实验确定光速为299 792.4 km/s。

人类首次环球海洋考察的航程

海洋提供给我们很多资源，也影响到我们生活的方方面面。但人类真正认识海洋、全面考察海洋、开始海洋科学研究的历史只有 100 多年。

尽管人类自古便在海边捕鱼劳作，在海上驾帆远航，然而对海洋的研究却一直未得到重视。早期科学研究的对象几乎全部在陆地，直到 19 世纪上半叶，科学家才把目光投向海洋。最早开始这项研究的是美国科学家莫里，他在 1855 年发表了《海洋的自然地理和气象学》一书，论述了有关北美洲墨西哥湾的洋流、海水温度、潮汐以及海底地形等问题。

19 世纪中期，由于要铺设第一条横越大西洋的海底电缆，人们首次测量了大西洋海底深度，并最终绘制出第一幅大西洋海底图。1872 年，英国派出第一艘由木制军舰改装的海洋调查船"挑战者号"，进行了人类首次环球海洋考察。这次考察历时 3 年半，航程 12.8 万 km，科考内容包括海流、气象、地理、水文、海洋生物、海洋地质等，收集到大量海洋生物标本、海水和海底沉积物样品。回国后，科学家根据这次考察结果，编制成第一幅世界大洋沉积分布图。

"挑战者号"首次全面测量了各大洋的海水深度，绘制了等深线图，发现世界各大洋的海底形态虽然各不相同，但基本上都是由大陆架、大陆坡、海沟、大洋盆地和海底山脉几部分组成；大陆架以缓和的坡度延伸至大约 200 m 深的海底，大陆坡则是向大洋底部过渡的斜坡，大陆与海洋的分界线并不是我们所习惯认为的海岸线，而是大陆坡的底部；各大洋的深度一般在 2 500 ~ 6 000 m 之间，其中分布着一些连绵的海底山脉，有些山脉的峰顶露出海面，就成为大大小小的岛屿；海洋最深处是位于太平洋西部的马里亚纳海沟，深度达 1 万多米，其次还有深 8 000 余米秘鲁—智利海沟等。

此后，科学家们对海洋作了更全面的测绘和研究，发现每个大洋都有自己独特的海流和潮汐系统。由于科里奥利效应，海流在北半球的大洋中是沿顺时针方向绕一个大圈运行的，而在南半球的大洋中则是逆时针方向。直接沿着赤道前进的一股海流不受科里奥利效应的影响，因此是沿着直线前进的。

此外，科学家还对海洋深处流动得更慢的环流进行了探索，发现在北极和南极地区，上层海水变冷后便会下沉到底层。这股下沉的海流会沿着整个洋底向其他区域扩散，所以即使在热带地区，底层海水也是很冷的，接近冰点。由于温差作用，热带地区的底层冰冷海水最终会被加热变暖而升至海面，然后又会流向北极和南极，并在那里再次下沉。科学家用示踪物质来追踪各大洋的环流情况，并在不同地点对深处的海水取样分析，绘制出全球的环流图。由于大洋环流能够输送大量的热能，对全球气候变化有很大影响。

1872—1876 年，英国海洋调查船"挑战者号"进行人类首次环球海洋考察

全球性大断裂谷长度

海洋与人类的生活和命运息息相关，但人们对海洋始终充满敬畏感，把海洋看做是深不可测的地方。古代中国人相信，沧海与桑田是可以互相变换的，大海就是被海水淹没了的陆地。神话传说中提到，那里是龙王爷统治的地方。

直到100多年前，科学家们才首次对海洋的形貌进行全面系统的研究。最初，人们采用长长的带有铅坠的绳缆来测量各大洋的海底深度，但这种方法很不方便。

1917年，法国物理学家朗之万发明了利用超声波反射探测海底深度的方法。1922年，为了潜艇作战的需要，德国海洋调查船"流星号"首次采用这种回声测量装置，对大西洋的海底地形进行全面勘测，发现深海底部原来也像陆地一样是崎岖不平的，特别是在大西洋的正中，有一条纵贯南北的海底中央山脉，长约2.8万km，平均高度为3 000 m，如同大西洋的一条"脊梁"。因此，给它起名为"大西洋中脊"。

第二次世界大战结束后，由于海底油田勘探的需要，许多国家联合进行了全球海洋地质调查，绘制出了更详细的海底地形图，结果发现并非只有在大西洋才有海底中脊山脉，其他各大洋也都有。在印度洋，海底中脊山脉犹

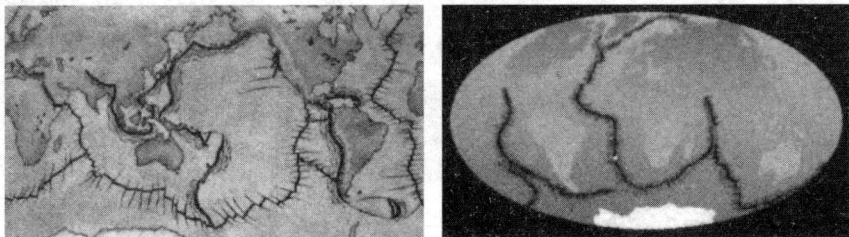

全球大断裂谷

如"人"字形位于大洋中部。而在太平洋,海底中脊山脉则为曲曲弯弯的环状,一部分甚至延伸到北美大陆的边缘。

这些海底中脊山脉的形貌与陆地山脉相比还是有所不同,其特点是顺着山脉的走向,中间都有一道裂隙,形成一条宽度为 1 000~2 000 m 的中央裂谷。尤其令人惊奇的是,各大洋的海底中脊山脉实际上彼此互相连接,构成了一条总长 6.4 万 km 的海底"全球大断裂谷",沿着这条大断裂谷的是海底地震和火山活动带。

1974 年,美法两国科学家联合开展"海洋中脊潜水"计划,搭乘"阿尔文号"、"阿基米德号"与"塞纳号"深海潜水器,对大西洋亚速尔群岛附近 2 800 m 深的海底大断裂谷进行探查,这里是大西洋海底地壳裂开的地方。科学家们看到,幽暗深邃、沟壑纵横的大断裂谷中到处都是一段段彼此错开的裂隙,正在不停地向外喷吐热水,地球内部炽热的岩浆通过裂隙慢慢涌上来,使劲把地壳朝东西两边推开,导致海底不断扩张,使得大西洋两岸慢慢地相互分离。

地球的直径

古希腊人在很早的时候就知道地球是圆的。因为他们是善于驾船航海的民族，在海上总是先看到远方船的桅杆，然后才是船身；而且不论船朝什么方向行驶，前方的地平线总会不断冒出新的星星，而原先看到的星星则会逐渐消失在后面的地平线下，这表明大地表面一定是球壳状的。亚里士多德还以月食时映在月面的地影是圆形的，推断出地球是圆球形的。

那么这个球究竟有多大呢？

公元前 3 世纪，古希腊的埃拉托色尼根据夏至那天中午时分太阳光在亚历山大和塞伊尼城两地投影的夹角差约为 7.2 度，测得塞伊尼城到亚历山大城的距离约合今天的 800 km；再运用简单的几何学知识，推算出地球的周长约为 40 000 km，直径约为 12 800 km。

后来，另一位古希腊天文学家波西多留斯也进行了类似的测算，他所得到的地球周长是 28 800 km。这一数值被当时的人们所广泛接受，并一直沿用到 16 世纪欧洲航海时代。著名航海家哥伦布据此相信，从西班牙起航，只要乘船向西航行 4 800 km，就可到达印度，因此才有了后来的美洲新大陆探险发现之旅。直到 1521—1523 年，麦哲伦的船队环绕地球一周，船员们根据测程仪和罗盘推算航程，才发现波西多留斯算错了。

17 世纪末，英国科学家牛顿研究了天体的自转对其形状的影响，推测地球可能并非一个完美的圆球形，而应是一个赤道略为隆起、两极略为扁平的椭球体。后

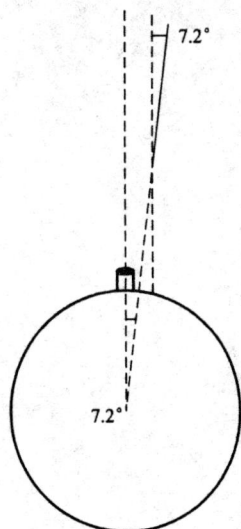

埃拉托色尼利用地球的曲率测量地球的大小

来，法国科学家里歇根据位于赤道附近的摆钟比在法国时慢的现象，证明地球的形状确实如此。

1733 年，出于地理和天文学研究的需要，法国巴黎天文台派出两支考察队，配备当时最新式的测量仪器，分别前往南半球的秘鲁和北半球的芬兰进行精确的大地测量，测得地球南北两极间的直径为 12 707 216 m。

进入 20 世纪后，科学家利用航空测量技术以及后来出现的微波测距、激光测距和卫星测量技术，测得地球南北两极间更准确的直径是 12 713 510 m。地球的实际形状有点类似于鸭梨形，北极地区略微凸起，南极地区则略有凹陷。

了解地球的实际形状，对航空、航海、勘探、通讯、航天等都有很重要的意义。

美国 X-43A 实验飞机的最高飞行时程

在过去很长一段时间内，人类都很羡慕天空中的鸟儿，因为它们能快速地自由飞翔。鸽子的飞行速度可以达到 140 km/h，一种针尾雨燕飞行的速度能够达到 170 km/h 左右，而人类的赛跑冠军奔跑的速度不会超过 50 km/h。不过在今天的飞机面前，鸟类的速度已大大落后了。

美国莱特兄弟发明的第一架飞机，很快在全世界引起轰动。许多欧洲国家预见到飞机未来的价值，积极组织开展大规模的研制工作。1906 年 10 月，国际航空联合会在法国成立，促进了航空业的迅速发展。1909 年 8 月，法国飞行员布莱里奥特驾驶他自己设计的飞机，首次飞越了英吉利海峡。1910 年，德国人尤卡斯制造出第一架金属结构的飞机。1912 年，美国人托弗斯创造了海上连续飞行 6 小时的世界纪录。1914 年，美国人柯蒂斯制造出第一架可以在船上起落的飞机。同一年，德国人哈斯研制出第一架现代滑翔机。1916 年，美国人波音制造出第一架可以在水上起落的飞机。

第一次世界大战爆发后，飞机开始频繁出现在战场上，除进行侦察飞行外，各种攻击性武器被搬上飞机，飞行员开始用枪炮互相射击，还使用炸弹空袭敌军阵地。

一战结束后，民用航空业获得飞速发展，新型飞机纷纷出现。飞机的速度增至 700 km/h，飞行高度提高到 8 km，持续飞行距离增大到数千千米，飞机的载重量也大大增加。

第二次世界大战期间，涌现出一大批经典战机，如德国梅塞施密特 Bf-109、英国"喷火"式、美国 P-51"野马"式和 B-17"空中堡垒"、苏联雅克-3 和拉-5、日本零式机等。1939 年，德国首先研制成功以涡轮喷气发动机为动力的喷气式飞机。

二战结束后，实用的喷气式飞机逐渐取代螺旋桨式飞机的地位。1947 年 10 月，美国 X－1 型实验机首次突破了声障。1949 年，英国研制出第一架喷气式大型客机"彗星 1 号"，飞行速度超过 800 km/h，高度达 1 万 m。到 20 世纪 60 年代，飞机突破了热障，速度达到音速的 3 倍。1976 年，英法两国合作研制的"协和"式飞机投入使用，它是世界上第一架能以两倍音速飞行的喷气客机。

迄今为止，飞行速度最快的飞机要属美国航空航天局研制的 X－43A 无人实验机，它的最高飞行速度达到 11 000 km/h，大约相当于音速的 10 倍，而最快的有人驾驶飞机是美国的 SR－71 喷气式高空侦察机，绰号为"黑鸟"，最高飞行速度达到 3 529 km/h，大约相当于音速的 3.2 倍。

世界上速度最快的飞机——美国 X－43A 无人实验机

首次进行联网的两台计算机间的距离

互联网是人类最伟大的发明之一，是信息时代的重要标志。可是，如今已近无所不在、无所不能的互联网当初是如何出现的呢？

20世纪60年代，正是美苏冷战的关键时期。此时计算机技术已经有了长足的进步，美国各研究机构和大学大都有了自己的计算机系统，但型号、规格、操作系统、数据格式、终端类型、运算速度和程序语言等都各不相同，相互之间无法交流，这在一定程度上造成了电脑资源的浪费。

1965年，美国国防部高级研究计划局的科学家开始考虑将不同的计算机之间联网。他们先进行了一次小规模的实验，通过调制解调器和电话线，将彼此相距4 000 km、分别位于美国东西两地的麻省理工学院与加州SDC系统发展公司的两种不同规格的计算机直接联到一起。尽管传输速度很慢，需要等待很长一段时间才能收到很小的一段信息，但实验结果证明这种长距离传输数据的联网方式是可行的。

为了将更多的计算机联在一起，科学家们需要解决不同机器硬件和软件互不兼容等问题。有人提议研制一种专用的小型电脑，让它充当大型主机与网络的中介，专门负责数据格式转换与信息传输，并将它起名为"接口信号处理机"，这就是后来发展为我们今天所熟悉的网络路由器。

1967年10月29日，美国斯坦福研究院、加州大学洛杉矶分校和圣巴巴拉分校，以及犹他州大学盐湖城分校首次将各自的大型计算机成功地联成了网。科学家为这个网络取了个名字，叫做"阿帕网"（即"国防部高级研究计划局计算机网络"的英文缩写）。这就是互联网的雏形。

到了20世纪70年代，"阿帕网"开始向全社会开放。出于资源共享的目的，许多大学和企业纷纷加入进来。为了将更多不同型号、不同操作系统、不同数据格式和不同终端的计算机联在一起,科学家们制定出"TCP/IP 网络通信协议",实际上这是为计算机生产厂家和软件开发商规定的统一设备标准。80 年代以后,"阿帕网"与美国国家科学基金会资助建立的超级计算高速网络合并,改名为"因特网"(Internet),并与美国所有的研究机构和大学都实现了计算机互联。进入 90 年代,互联网开始在全球普及。

如今,互联网已进入千家万户,深入到人们生活的各个方面。比如可以通过互联网收看新闻和体育赛事,在家办公、购物和聊天,与世界顶尖的棋坛高手在网上对弈,与远在地球另一边的商业伙伴举行视频会议,让边远山区的孩子接受远程教育,等等。

计算机网络示意图

青藏铁路全长

号称驶上"世界屋脊"的青藏铁路2006年7月1日全线开通试运营，标志着世界上海拔最高、线路最长、气候条件最恶劣的高原铁路建成。青藏铁路从西宁至拉萨全长1 956 km。在这一世界高原最具挑战性的工程项目上，中国铁路建设者破解并攻克了多年冻土、高寒缺氧和生态脆弱"三大难题"。

青藏铁路新建的从格尔木至拉萨的1 142 km路段中，约有500多千米要建在多年冻土层上，而在冻土层上修路，是世界上尚未完全解决的技术难题。因为冻土层含冰量大，冬天会发生冻胀，夏天又会发生融沉，易使路基变形，再加上全球性气温升高，原本已经十分复杂的问题就变得更为复杂了。为了攻克这一难题，中国的铁路科技工作者进行了长达40多年的科技攻关。几十年来，科学家们陆续开展了高原气象、多年冻土温场、冻土热学、冻土力学等基础研究以及冻土地区施工、桥梁建设、隧道等工程的实验研究。科学研究使我们大体摸清了冻土的脾气，找出了稳定冻土层的各种技术。例如以桥代路，在最敏感的冻土地带，可用修侨的办法跨过冻土带，大桥的桥墩建得很深，接触面又小，受冻土的影响不大；又例如采用热棒技术，也叫无源制冷虹吸管技术，它要求在路基上每隔3 m左右插上一个里面装有介质的圆棒，其原理有点像冰箱和空调机中的制冷剂，夏天可以吸收外部的热量冷却冻土，冬天则可以吸收外部的冷温加固冻土层。

青藏高原有地球上其他地方看不到的高耸入云连绵不绝的高山、广袤无际的草甸、平展荒凉的大漠戈壁，青藏高原的环境是脆弱的、易毁的。如何保护好青藏高原的生态环境对建筑科技工作者是一个新挑战。为了保护我国特有的高寒草甸动物藏羚羊，照顾它们定期迁徙的特殊习性，沿线设计了多处野生动物的通道，有的筑成高桥，让它们在桥梁下通过；有的建成缓坡，便于它们迁徙通行。为了保护高原上的珍贵植被，被占用的有植被的地方都要先连腐殖土一起移到其他地方保存，等路基修好再移回已完成的路基边坡或已施工完毕的场地表面。在青藏铁路的错那湖段，施工单位先后种植了9万 m^2 的草。景观也是一种资源，为了保护沿线的景观，许多施工单位都到目所不及的山的背面去取土挖石，使工程量大大增加。

在环境恶劣的条件下筑路也是高原铁路建筑的巨大难题。海拔每升高100 m温度就下降 $0.6℃$，海拔每升高1 000 m，氧气就减少10%。严密而科学的卫生安全保障系统保证了建设者们的健康。在青藏铁路的施工中，医务人员达到总人员的 1.5% 以上，是我国重大工程中医务人员比例最高的。针对高原水质含盐高、浑浊度大、不宜直接饮用的情况，医学专家们专门研制了水的净化装置。这一装置一天能生产供约7 000人饮用的水量。为了解决缺氧问题，技术人员研制了大型制氧站，不仅保证了氧气供应，而且可以直接向施工隧道中进行弥漫性供氧，相当于使工作作业面的海拔降低了1 200 m。这些保障体系使青藏铁路的施工创造了世界高原作业的惊人奇迹——高原病的零死亡率。

行驶在高原上的火车

大气层的高度

天究竟有多高呢？这个问题自古就不断有人问起。

古代中国人相信，天有九重。巧合的是，古希腊人也认为，天就像是一顶篷盖，分为许多层，称为"天穹"，那些闪闪发光的天体就镶嵌在"天穹"上，很多人曾试图测出天与地之间的距离。

后来人们逐渐明白，地球只是太阳系中的一颗普通行星，而银河系中有亿万颗像太阳一样的恒星。所谓"天"只不过是宇宙空间的另一个叫法罢了。于是天究竟有多高的问题就变得没有实际意义。不过，从另一个角度来看，可以把地球由大气包裹的范围视为"天空"，把近乎为真空的星际空间视为"天外"或"太空"，那么"天空的高度"还是可测量的。

自从 18 世纪末人们发明热气球和氢气球后，它们很快就被用于高空探险。20 世纪 30 年代，带有密封吊舱的气球将人带到了 20 km 的高度。而到了 60 年代，载人气球最高升到 35 km，不载人的气球最高升到 46 km。

科学家发现，在距离地面 11 km 的高度以下，气温由下而上逐渐下降，也就是说，随着高度的升高，气温逐渐降低，其中空气的流动主要是上升和下降的对流运动，故将其命名为对流层。11 ~ 32 km 之间，气流平稳，气温几乎恒定，命名为平流层。再往上，温度便开始逐渐升高。

此外人们还发现，在平流层中 2 万 ~ 3 万 m 高的范围内，氧分子在太阳紫外线辐射的作用下，形成一种叫做臭氧的分子，因此科学家称其为臭氧层。它可以吸收阳光中的紫外线，像屏障一样保护地球生物不受伤害。

20 世纪 50 年代，科学家利用携带有遥测仪器的探空火箭了解平流层以上高层大气的情况，发现在平流层以上，温度随高度增加而逐渐上升，在 50 km 时达到最高值，即 -10℃ 左右，然后又再次下降，在85 km 高度达到最低值，

即 -90℃。后来将这一区域称为中间层。

在中间层以上，稀薄空气的密度只有海平面大气密度的 10 万分之几，氧气大多分解为氧原子。当阳光照射这里时，紫外线被氧原子大量吸收，使得气温再次随高度增加而逐渐上升，最高可达到 1 000℃。所以科学家称这里为热层。

科学家还发现，由于热层以上的大气温度很高，气体分子大量电离，成为离子和自由电子，因此称其为电离层。电离层能够反射地面发射的电磁波，可以帮助人类实现远距离通讯。

到了 500 km 以上，就是所谓的外大气层，这里的温度很高，可达数千摄氏度，大气密度只有海平面处的 1 亿亿分之一。而在地球两极 800～1 000 km 的高空，气体分子由于受到外层空间高速粒子的撞击而形成美丽的极光。

其实在 100 万 m 以上，仍然有极度稀薄的大气，主要是很轻的氦和氢，它们会使地球低轨道人造卫星的运行受到摩擦阻力的影响。这些气体一直向上延伸，直到 6.4 万 km 左右，才稀薄到与外太空相近的程度。

习惯上，人们将距地面 1 000 km 的高度视为大气层的边界，也就是所谓"天空"的高度。

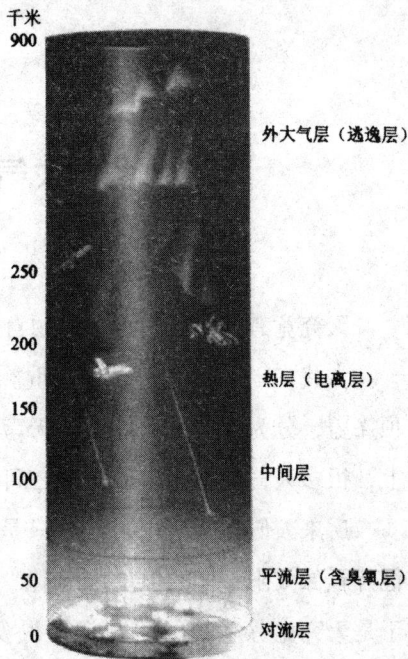

地球大气层结构

千米
900 — 外大气层（逃逸层）
250
200 — 热层（电离层）
150
100 — 中间层
50 — 平流层（含臭氧层）
0 — 对流层

日本磁悬浮列车的最高时程

我们国家幅员辽阔，人们出远门时总喜欢乘坐火车。伴随着车轮的隆隆声，看着窗外的风景，好不惬意。不过也有人感到不足，那就是火车走得太慢了。尽管经过了几次大提速，从哈尔滨到广州，乘火车还是至少需要一天多，而到乌鲁木齐则需要更长的时间。

人们总希望火车的行驶速度越来越快，然而火车是利用车轮在铁轨上滚动带动列车前进的。如果车轮的转动速度过快，就会与铁轨产生更猛烈的冲击和磨损，导致强烈的噪音和震动，让人很不舒服，甚至会危及安全。

有什么解决办法吗？科学家为此动了不少脑筋，也做了不少实验，结果发现最好的办法就是让火车像飞机一样离开地面，腾空前行，不再使用车轮和铁轨。但火车又没有翅膀，如何能做到这一点呢？

办法还是有的，其中之一是借用气垫船的原理，给火车底部装上很多功率很强的喷气发动机，再在火车底部围上一圈长长的橡胶"围裙"；喷气发动机向车底的路面喷射高压空气，整列火车被这层高压空气托起，再用装在上部的螺旋桨发动机带动车顶的螺旋桨旋转，像驱动飞机一样推动列车前进。

这种"气垫列车"曾于20世纪60年代在法国进行过试验。不过速度虽然快了，但车上装了那么多喷气发动机和螺旋桨发动机，噪音和震动比普通的火车更大，没有人敢"享受"这种旅行方式。

还有一种办法是利用磁铁同性相斥的原理，在火车底部和轨道上铺设极性相同的磁性材料，使整列火车在轨道上悬浮起来，称为"磁悬浮列车"。根据产生磁性的材料不同，一种叫常导磁悬浮，另一种叫超导磁悬浮。

德国是最早研制常导磁悬浮列车的国家。但德国地方小、人口少，在20世纪60年代建成世界上第一条磁悬浮铁路后，由于很少有人乘坐，导致成本高昂，最后不得不拆掉了。后来，这种技术被引进到中国，在上海建成了一条全长约 30 km 的高速磁悬浮铁路运行示范线，最高时速为 430 km，只需要 8 分钟就能从市中心到达浦东国际机场。

日本则把研究重点放在超导磁悬浮技术上，已进行了多次列车运行试验，最高时速达到了 581 km，但由于成本太高及一系列技术问题不好解决，至今也没有开始实际运行。

日本超导磁悬浮列车

法国 TGV 列车的最高时程

　　铁路的发明始自 16 世纪。当时欧洲的一些矿山用马拉矿车来运载矿石，由于巷道坑坑洼洼，高低不平，崎岖难行，矿车运输效率很低。

　　有人想了个好主意，将平整的木板连接起来，铺设在巷道中，矿车在上面行驶，既轻便又快捷。后来木板不够用了，而将原木加工成平整的木板是件很麻烦的事，于是又有人出主意，直接将未加工的长木杆分两排固定在地上，地面不平时就在下面垫上一些枕木，并将矿车车轮的轮缘部分制成台阶状，恰好"骑"在木杆上，这就是最初的轨道。由于木杆不结实，容易损坏，后来又改用生铁来制造，称为"铁轨"。

　　随着欧洲工业革命的发展，蒸汽机得到普遍应用，一些人设法将它安装在马车上，代替马来推动车辆前进。1814 年，英国人斯蒂芬逊制成世界第一台实用的蒸汽机车。由于机车又大又重，容易陷在普通道路上，人们为它铺设了专门的铁轨，称为"铁路"。1825 年，世界上第一条铁路——从英国斯多克顿至达林顿——正式通车。蒸汽机车冒着黑烟，拖带着数十节车厢，缓缓行驶于城市之间，看热闹的人围挤在铁路两旁。

　　早期的蒸汽机时速只有 10 km 左右，还没有马车跑得快。1830 年，英国开始对铁路进行改进，先在路基上铺设用小石子堆成的道床，以调平地势的高低坑洼，然后在上面铺设枕木，再将铁轨架设在枕木上。新型蒸汽机车行驶在这种改进后的铁路上，时速可达到 50 km。

　　从 19 世纪中叶起，铁路在欧洲各国和北美大陆迅速普及。蒸汽机车的功率越来越大，速度越来越快。到 20 世纪初，德国先后研制出第一台实用的电力机车和第一台汽油内燃机车，不久又研制出柴油内燃机车，因为柴油比汽油便宜得多，也不需要架设输电线，所以很快得到广泛应用。

到 20 世纪中期，各国开始用效率更高的内燃机车和电力机车来取代传统的蒸汽机车，进一步提高了行车速度，而且有利于改善环境，降低了火车司机的劳动强度。自 20 世纪 60 年代起，工业发达国家开始研制每节车厢自带牵引动力的动车组，日本最先修建新干线高速铁路。法、英、美、德等国家也纷纷效仿。其中，法国 TGV 高速动车组列车最高时速达到 574. 8 km，创造了有轨列车最快的世界纪录。中国也研制出了自己的动车组列车"和谐号"，从 2007 年起投入运行。中国已计划铺设第一条从北京到上海的高速铁路，设计时速达到 300 km。

法国 TGV 列车

首条长途电话线路的长度

现在，我们可以把长途电话打到世界各地，通过电话和身处各个国家的人沟通交流。而早期的长途电话线路却要短得多。

相传英文"电话"这个词最早出现于 18 世纪。当时一位英国人让一排人间隔一段距离站好，然后用喇叭接力传话，这种传递消息的方式被称为"远距离传话"（Telephone）。

1876 年，美国人贝尔最先发明了电话。他将金属片连接在电磁线圈中，发现人对着金属片讲话时，金属片受到语音的振动可以在电磁线圈感生出电流，这些电流随振动的强弱不同而出现相应的强弱变化，将这股强弱不同的电流送到远处另一个连接在电磁铁上的金属片，便能使其发生振动，粗略复制出原先的声音。不过，他的家人第一次从电话中听到的声音却是"快来帮帮我！"原来，贝尔一激动，不小心将蓄电池中的酸液泼到了腿上。

电话发明后，很多发明家都对这项技术做了改进。例如爱迪生发明了碳精送话器，提高了电话的声音清晰度；有人用干电池取代贝尔原先用的蓄电池，缩小了电话机的体积；还有人在长途电话线中采用中继放大电路，减少了传输信号的损失。1878 年，美国康涅狄格州的纽霍恩市开设了世界上第一家电话交换局，不过当时只有 20 个用户。第二年，从纽约至波士顿的长途电话线路开通，全长300 km。

最早的电话机都是手持式的，打电话时先叫通电话交换局的接线生，他问清你所呼叫的对象后再通过插拔接线板转接。后来，美国人斯特伍格发明了步进制自动电话接线器，在电话机上设置了拨号盘。两年后，美国印第安纳州拉皮特市开办了世界上第一家自动电话交换局。1892 年，大北电报公司在上海外滩设立了中国第一家电话交换局。1900 年，上海和南京电报局正式开办市内电话业务。

此后，电话的功能逐渐完善。1903年，出现了利用无线电波传输的电话，这也是最早的移动电话。但由于需要大功率的无线电发射和接收装置，成本高昂，这种无线电话难以普及。直到20世纪60年代，美国贝尔实验室的科学家发明了"蜂窝电话"技术，通过建立基站，用接力方法把电话从一个基站传递到另一个基站，这才解决了手持无线电话的移动通信问题。

如今，卫星电话、数字电话、互联网电话、光纤电话、视频电话、3G电话等各种先进通信技术纷纷涌现，电话已深入到每个家庭，手机几乎成了每个人的必备用品，使我们真正感受到在信息时代与外界沟通的便利。

美国人贝尔及其发明的电话机

古罗马时代马拉驿车每天的行程

人类总是在寻找更好的交通工具来加快自己的步伐。从游牧时代人们驯服马匹之后，马就一直是人们最经常使用的交通工具。善于奔跑的马速度可以达到 60 km/h，带给人类一种新的迁移方式，直到机械动力出现。

相传是中华民族的始祖黄帝发明了车轮，并以"横木为轩，直木为辕"制造了车辆，故人们尊称黄帝为"轩辕氏"。中国的考古学家通过遗址发掘，已经找到中国公元前 2 000 多年的殷商时期的马车遗迹；而不过据说早在公元前 3500 年，位于中亚两河流域的苏美尔人也已开始使用马拉车辆了。

在此后的数千年时间里，马车一直是欧亚大陆和北非各国的主要交通运输工具。为了便于各地方的来往，促进经济和贸易的繁荣，几乎所有的古代文明国家都修筑有平坦宽敞、四通八达、供车辆行驶的道路干线。相传当时中亚最强悍的王国亚述为了征讨其他国家，修建起长达 1 000 多千米的石板大道，方便自己的马拉战车军队快速出击。

在中国，殷商时代便出现了碎陶片和砾石铺筑的道路。秦始皇扫灭六国后，首先下令"车同轨"，即各地马车的轮距规格统一标准化，并修建了以首都咸阳为中心、遍布全国的驰道网。

鼎盛时期的古罗马帝国版图辽阔，为了加强集权统治，修筑了数十条连接全国各地的通衢大道，总长数万千米，以至今天人们还熟知那句俗语"条条大路通罗马"。这些道路宽敞平坦，古罗马帝国的信使乘坐四轮马拉驿车往返奔波于各地，络绎不绝，每天可连续行驶 160 km。

直到 100 多年前，马车仍然是人们最主要的交通工具。从东亚各国的两轮带蓬马车，欧洲城市中的四轮载客驿车，到最豪华的英国皇室马车，以及北美大陆开垦西部的移民成群搭乘的大篷车，马车为人类社会的发展做出了卓越贡献。

为了能让马车跑得更快，18 世纪的法国工程师特雷萨盖发明了用碎石铺筑路面的方法。到 19 世纪初，欧洲各国都相继修建了碎石道路，城市中则铺设砖块路或石板路。直到 20 世纪初，汽车开始大量生产和普及，人们才大量修建沥青和混凝土铺成的公路，便于汽车来往于城乡之间。到 20 世纪 30 年代，各工业发达国家的快速公路网已逐渐形成，德国和美国还开始修建高速公路。至目前，世界各国的高速公路总长约达 23 万 km。

中国从 20 世纪 50 年代开始大力发展公路建设。截至 2007 年年底，中国内地公路总里程约为 357.3 万 km，其中高速公路突破 3 万 km。

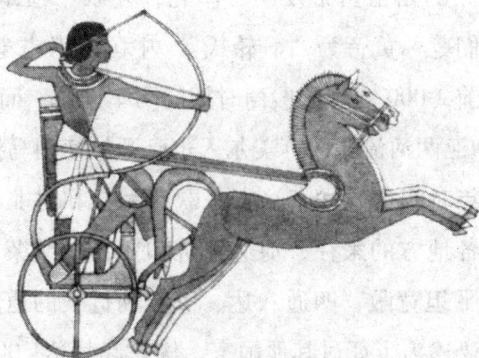

古埃及战车

古罗马时代的道路工程

氢燃料电池车的最高时程

刚刚进入 2008 年，就传来国际市场原油价格每桶超过 100 美元的消息。现在汽油价格节节上涨，很多人预测，数十年后最畅销的汽车将不再使用汽油，而是用电。

其实电动车的历史要早于以内燃机为动力的汽车的历史。自从 19 世纪电动机出现后，很多人就投入到电动车的研制中。1873 年，英国人戴维森制成第一辆以电池为动力的实验电动车。不久，法国工程师特鲁夫研制成功世界上第一辆实用的三轮电动汽车，采用铅酸蓄电池作为动力。不过，普通电动车由于蓄电池储存的电能有限，无法长途行驶，一般只作为货场搬运车或公园游览车使用。

有轨电车最早出现在 1888 年美国的里士满市，采用架空导线获取电力，并与铁轨构成回路。这种有轨电车功率很大，很适合在丘陵地带的城市使用，如美国旧金山。至今我们还可在电影中看到车厢外攀有许多乘客的有轨电车悠悠地驶过坡度很陡、起伏不平的旧金山市街道的情景。

中国于 1906 年引进了有轨电车，先后在天津、上海、北京、沈阳、哈尔滨和长春等城市开设客运专线。当时一些人力车夫害怕因此而失去工作，甚至卧轨以示抗议。

20 世纪初，德国西门子公司研制出无轨电车，通过架设双股架空导线使电车获得电力。1911 年，世界上第一辆无轨电车在英国开始运营。中国于 1914 年最先在上海的英租界内营运无轨电车。由于无轨电车行驶噪音较小，不会排放废气，而且刹车时可以把动能转化为电能，有利于环保，包括中国在内的一些国家至今仍在使用无轨电车。

近年来由于石油价格飞涨以及环境问题，很多汽车厂商又开始热衷于研制开发新型电动汽车。目前主要的研究方向有两个。

一个是同时装有汽油发动机和电动机两套系统的混合动力车，启动、加速和上坡时两套系统同时出力，刹车时能量逆向存入蓄电池，平稳行驶时由蓄电池驱使电动机单独出力，可以节省汽油，同时减少尾气污染。混合动力车现已上市销售，但目前因制造成本较高尚难以推广。

另一个是以氢燃料电池为动力的新型汽车。与普通蓄电池不同，氢燃料电池不储存能量，而是在通入氢燃料和氧气的同时利用化学过程发电。氢原子在催化剂的作用下被分解成电子和质子，大量的电子产生电流，通过电动机带动车轮旋转；而质子则穿过交换膜，和电子及空气中的氧气化合形成水蒸气被排放掉。所以说，氢燃料电池汽车属于零排放型车辆，水是唯一的排放物。如何安全储存氢燃料是氢燃料电池汽车研制中的最大难题。

目前，许多国外汽车厂商都已研制成功使用氢燃料电池的原型车，只需要 5 kg 氢燃料就可以连续行驶 500 km 左右，目前的最高时速为 150 km。上百辆采用氢燃料电池的公共汽车已经在一些欧美城市开展运行测试。美国加州已经开始酝酿"氢高速公路"项目，准备在高速公路沿线初步建设 200 个氢燃料电池汽车加氢站。

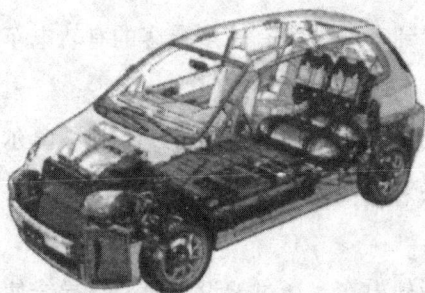

氢燃料电池车的结构及氢燃料电池汽车加氢站

第一条电报线路的长度

人类通信的历史可以追溯到远古时代，邮车、驿站、信鸽、烽火等通信方式曾经沿用了几千年。

中国古代修建万里长城时，每隔一段距离就在山头上设立一个高高的烽火台，派有士兵守护瞭望。一旦发现有敌人入侵，就立即在烽火台上点燃狼烟，夜晚则点燃篝火，邻近山头上的士兵看到后也立即跟着点燃，就这样如接力一般，很快就把敌人入侵的消息传递至京城，远比派人骑马送信快得多。这些烽火台历经岁月沧桑，至今仍在。

到了近代，法国人也曾采用类似的方法。当时法国正在进行大革命，为了能够尽快得到政局的消息，有人在首都巴黎和北方工业城市里尔之间每隔10余千米，便架设一座高耸的信号塔，塔上立有木制支架。发送消息的人操纵支架摆出不同形状，代表预先所约定的含义；守在下一个信号塔的人用望远镜看到后也操纵支架摆出同样的形状；这样一站传一站，很快就可以把消息传到远方。据说"电报"这个词最早就是这样产生的，其原本的含义是"遥望字形（Telegraph）"。

18世纪末，科学家发明了电池，开始对电进行大量研究，逐渐认识了电的特性，掌握了如何控制电流。最早的电报机是在19世纪30年代由俄国人希林发明的，其原理是发报人通过改变电流强度来改变电流计指针的偏转角度，而电流计指针不同的偏转角度则代表不同的字母，例如指针偏转1度代表字母A、偏转2度代表字母B……接收者以此来获取信息。

但这种电报机只适合于短距离通讯，因为随着距离的增加，导线中的电阻会使电流变得越来越微弱。后来，美国科学家亨利解决了这个难题。他在长途线路上每隔一定距离就安装一个放大器，使微弱的电流信号重新变强，

美国人莫尔斯设计出莫尔斯电码

这样一站一站地传下去，携带有信息的电流就可以送到很远的地方。

不过，依靠电流的强弱来传递信息的方法很不可靠，经常会搞乱。美国人莫尔斯想出了一个好点子，利用电流的通、断和间隔的不同组合来表示字母、数字和标点符号，这就是著名的莫尔斯电码。1843 年，莫尔斯架设了一条从华盛顿到巴尔的摩的电报线路。在国会大厦里，莫尔斯亲自操纵电报机，为众多政府官员进行演示。一连串由"嘀"、"嗒"声组成的电码信号旋即被远在 64 km 外的巴尔的摩城收到了，内容是"上帝创造了何等的奇迹！"

10 年后，第一条横跨大西洋的海底电缆正式开通。不久，电报技术传到了中国。1879 年，在天津与大沽北塘炮台之间架设了中国第一条电报线。1920 年，中国正式开办邮传电报业务，古老的邮驿开始被先进的邮政和电信所取代。

未来国际直线对撞机的长度

你能设想一下科学家做实验的一台大型设备有多长吗？40 km，吓了你一跳吧。马拉松运动员跑完的一个全程也不过 45 km。

大型粒子加速器是从事高能粒子物理、宇宙线和天体物理、同步辐射等研究的重要设备，分为直线粒子加速器和回旋粒子加速器两种类型。它们各有优缺点，其中回旋加速器的优点是占地小，但在向更高能区发展时会遇到同步辐射能量损失随束流能量的 4 次方增长的困难，而直线加速器能够很好地解决这一问题。

目前位于美国斯坦福大学校园内的斯坦福直线对撞机是世界上最大的直线粒子加速器，长 3.2 km，1989 年建成并投入正式使用。科学家将直线对撞机与原有的正负电子非对称回旋加速器相连，使正负电子束流对撞能量达到 500 亿 eV，相当于回旋加速器的直径增加到原先的 10 倍。

1968 年，美国科学家弗里德曼、肯德尔和加拿大科学家泰勒等人利用加速器产生的高能粒子束轰击粒子，首次发现质子和中子也并非不可分的基本粒子。他们通过实验探测到质子和中子内部有 2 或 3 个点状物质，还发现质子的能量只有一半是由带电的点状物质携带的，另一半则由中性的无电磁作用的部分携带，由此得到存在新的更小粒子"夸克"的证据。他们因此而荣获了 1990 年的诺贝尔物理奖。

科学家还利用该对撞机让正负电子发生对撞，产生 B 介子和反 B 介子，然后把反物质的衰变速率同物质衰变速率进行比较，以便解开正物质数量多于反物质之谜。2001 年 7 月，参与该项实验的国际科学家小组宣布，发现 B 介子和反 B 介子衰变速率有差别，证明了电荷宇称不守恒现象。

此外，科学家还在实验中首次探测到核反应中夸克的效应。2005 年 4 月，

3.2km 长的斯坦福直线对撞机

研究人员发现了一种被称为 Ds（2317）的新粒子存在的证据，该粒子系粲夸克和奇异反夸克的一种非同寻常的组合，这些特性将使人们深入了解把夸克组合在一起的强相互作用力。

由于现有的直线加速器能量较低，难以胜任 21 世纪粒子物理学更加深入的课题研究，例如是否存在希格斯粒子的问题。国际高能物理界已一致决定，将在 2009 年前后开始合作建造下一代超高能量的正负电子直线对撞机，名为"国际直线对撞机"。它由两台大型超导直线加速器组成，分别将正负电子加速到 2 500 亿 eV 的能量，质心系能量达到 5 000 亿 eV，以后还可以提高到 1 万亿 eV。它将建造在总长约 40 km 的地下隧道中，预计在 2016 年建成，造价高达数十亿美元。目前，美国国家费米实验室和日本高能物理研究机构都在争取作为国际直线加速器的建造地点。

大型强子对撞机隧道的长度

大型强子对撞机（简称LHC）是目前世界上在建的体积和功率最大的粒子加速器，属于欧洲核子研究中心粒子物理实验室，位于日内瓦以西，法国与瑞士交界的侏罗山脚下80多米深的地下。整个对撞机环形加速器的隧道长达27 km，步行绕其一周需要4个多小时。可以将百慕大、摩纳哥和4个梵蒂冈城放入环形加速器所围的面积中。

该加速器的用途是将强子加速到光速的几分之一，使其以高达14万亿eV的能量迎头相撞，用以模拟宇宙"大爆炸"之后很短时间内存在的粒子，探索物质的起源和基本性质。

所谓强子是指参与强相互作用的一类粒子如质子、中子等的统称，原子核就是由质子和中子通过强相互作用结合而成的。目前科学家已经发现了上百种强子，高能物理实验揭示强子并不是最基本的粒子，它也是有内部结构的，即由更小的夸克和反夸克组成。强子与另一类只参与弱相互作用的粒子，如电子、μ子和中微子等统称为轻子的基本粒子，通过弱相互作用、强相互作用和引力等运动规律，构成了自然界万物奥妙无穷、千变万化的物理现象。弱电统一理论与描述夸克之间强相互作用的量子色动力学理论合在一起，统一为粒子物理中的标准模型理论，是近半个世纪以来人类探索物质结构和微观世界规律的研究结晶，也是整个现代物理学的基础。

发现新的粒子是回答有关宇宙更深层次的问题的一种方法。目前标准模型理论尚不能完全解释在加速器上进行的一些实验和对宇宙进行的若干观测的结果，如宇宙膨胀加速、宇宙常数、真空能量等。我们现在所能看见的只是整个宇宙质量的5%，为了解释宇宙的扩张速度为何不断加大，科学家不得不提出神秘的暗物质和暗能量的概念，但它们究竟是什么尚不可知。在宇宙线中发现的反物质和 π 介子、中微子质量问题等都对标准模型产生了直接冲击。科学家们还需要找到希格斯粒子来解释为什么基本粒子会有质量，同时希望扩展标准模型来预测质量更大的已知粒子拥有超对称的相伴粒子。此外，宇称守恒破坏、重子数不守恒等也都和粒子物理学有关。所有这些谜题的解决都要求超越现有的物理认识，而正在建造的大型强子对撞机就是从事上述前沿研究的关键设备。

大型强子对撞机预计总造价为 22.7 亿欧元，计划 2008 年完工并投入使用。除了欧洲各国外，美国、日本、俄罗斯等国家也承担了部分建设费用，中国承担了其中两台大型探测实验设备的部分研制工作。由于造价高昂，全世界只可能通过各国的合作建造一台，它将是 21 世纪上半叶乃至更长一段时间内世界上唯一的超高能强子对撞机。

欧洲核子研究中心正在建造的大型强子对撞机

马里亚纳海沟的深度

深海是指深度超过 6 000 m 的海域，也是人类几乎未曾踏足过的地方。幽深的海水隐藏了深海的秘密。除了用特殊材料制成的潜水器外，甚至连军用核潜艇也无法到达那里。从某种意义上讲，我们迄今对深海的了解还不如对数十万千米外的月球了解得多。

从 20 世纪 50 年代起，由于地球物理学的发展，科学家们开始重视对深海的研究，乘坐深海潜水器潜到深深的海底，并利用声呐、重力、磁力和人工地震等探测手段，对世界各大洋的深海进行全方位的探测，绘制出各种高分辨率的海底地形图，并对各大洋的海底构造、沉积物结构、厚度和沉积速率等进行了认真考察。这些对研究近千万年以来的全球特别是海洋气候演变和地质演化史具有重要意义。

科学家们根据探测结果得知，深海底部比陆地更加起伏不平，不仅有面积如整个大陆那样大的平原，而且有比喜马拉雅山还要高大的火山。位于太平洋中部的夏威夷岛其实是一座 1 万 m 高的海底火山的顶部。在太平洋海底还至少有 1 万座平顶火山锥。马里亚纳海沟是世界上最深的海沟，深度达 11 034 m。不过，即使是在这样的深度，也仍然有生物存在。此外，在大洋底部还有一些险峻的峡谷，有些长达数千千米。在太平洋和印度洋一些地方，还经常发生海底地震，导致出现大规模海啸。

20 世纪五六十年代，美国的一些研究机构发起组织了大规模的海洋地质联合调查计划。1952—1953 年期间，美国科学家在东北太平洋发现了 4 个大型断裂带，后来发现这种断裂带在世界各大洋均有广泛的分布。此后又发现，大洋地壳的结构与大陆地壳截然不同，洋底沉积层极薄。特别是由于环绕全球的大洋中脊体系与条带状磁异常的发现，使一度衰落的大陆漂移说重新复活，并导致后来板块构造学说的提出。

20 世纪六七十年代，世界各国组织了一系列的国际海洋合作考察计划，其中比较著名的有"深海钻探计划"、"国际地壳上地幔计划"、"国际地球动力学计划"、"国际海洋勘探十年计划"和"联合海洋学会地球深部取样计划"等。通过这一系列全球深海海底勘探项目，取得大量海底岩芯样品，重现了中生代以来古大洋环境的演变，为验证和发展板块构造学说奠定了重要基础。

20 世纪 80 年代以来，科学家们又陆续提出了"岩石圈计划"、"大洋钻探计划"、"大陆科学钻探计划"、"综合大洋钻探计划"、"国际探海综合钻探计划"等，除了继续采用深海钻探和取样技术外，还广泛采用深海潜水器观察、海底摄像、海底电视、深海探测仪器、卫星遥感测量仪器等，发现了更多新的古气候学和古海洋学资料，促进了地球科学的发展。

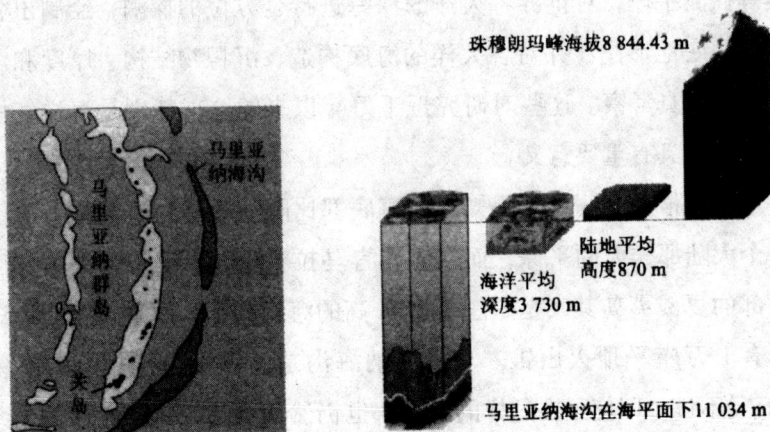

马里亚纳海沟是世界上最深的海沟

珠穆朗玛峰的高度

珠穆朗玛峰巍然屹立在喜马拉雅山脉的最高处，金字塔形的峰体给人以肃穆、神圣的感觉。测定它的高度是人类认识地球的一个标志，也是人类测量技术水平发展的一个象征。同时，珠峰地区的地壳运动至今仍然非常活跃，包括珠峰在内的青藏高原对东亚、南亚甚至整个北半球的气候、环境、生态的影响也非常大，因此它的高度测量具有十分重要的科技意义和社会意义。

1954 年，印度一位名叫古拉提的测量师测得珠峰的高度为 8 847.6 m；1975 年，我国组织了规模浩大的珠峰科考测量行动，经过登顶测量，确定珠峰的高度为 8 848.13 m；1992 年，意大利科学家乔治·普瑞迪带队登顶珠峰，测出珠峰高度为 8 846.50 m；1999 年 5 月，美国"千禧年珠峰测量"计划实施，中国学者作为合作方在北坡脚下给予协助，并提供参考数据，测量结果为 8 850 m。

多年来，中国一直使用 1975 年的测量数据。当时采用的是传统的经典测量方法，就是用三角测量、水准测量以及导线测量等方式获得数据并进行重力、大气等多方面改正计算，最终得到珠峰高程的准确数据。

2005 年，中国开始重新测量珠穆朗玛峰的高度。为保证峰顶观测的成功与可靠性，科学家们同时采用了 3 套相互补充印证的观测方案。第一种方案是用传统的三角测距法观测峰顶树立的觇标与测距反射棱镜；第二种观测方案用现代空间大地测量法，直接将 GPS 全球定位系统在峰顶觇标顶部架设同轴观测；第三种利用雪深雷达组合 GPS 动态定位技术观测峰顶覆雪厚度与雪面地形；只要有一种观测方案能够实现，就能确保珠峰测高成功。本次珠峰测高中，GPS 方法共设置了 70 个点，而此前美国等国家在测量中只用了 2 个点；在大地水准面的确定方面，测绘人员参考了 5 种地球重力场模型、600 多个重力点；激光测距的应用，使得测量精度大为提高；使用珠峰脚下的大本营气象数据，使得折光改正更加完善；使用雷达探测代替人工插钎法测量冰雪深度，使得数据更加可靠。可以说，中国在本次珠峰测量中，既使用了高新测量技术，又结合了传统观测方法，通过多种观测手段相互印证比较，保证了观测成果的可靠性与精确性，保证了所测得的数据是目前世界珠峰测高史中最精确可靠的高程成果。

2005 年 10 月 9 日，国家测绘局负责人公布了我国科学家测定的最新数据：珠穆朗玛峰峰顶岩石面海拔高程 8 844.43 m，珠穆朗玛峰峰顶岩石面高程测量精度 ±0.21 m；峰顶冰雪深度 3.50 m。自此，1975 年公布的珠峰高程数据在中国停止使用。

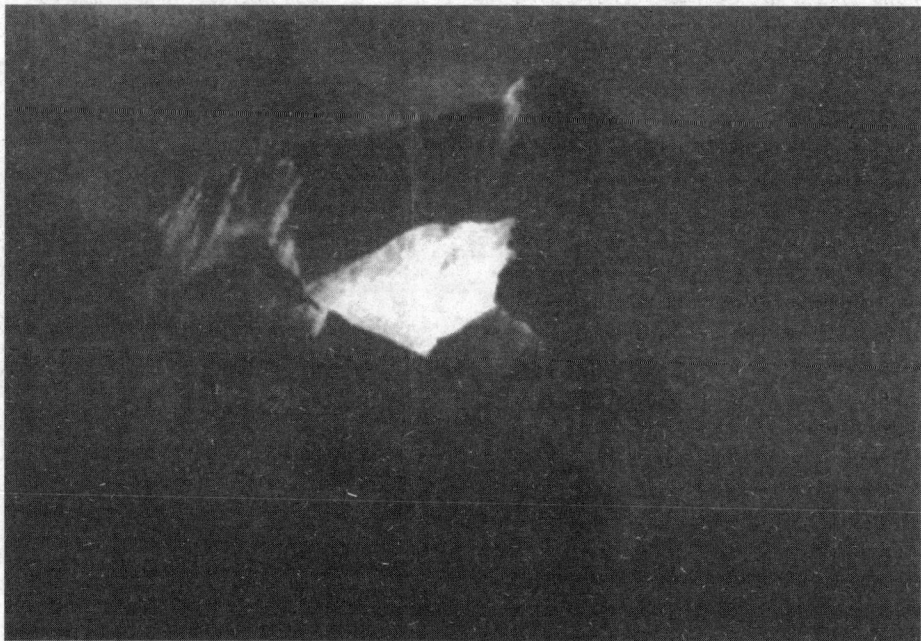

珠穆朗玛峰

"阿基米德"号深海潜水器首次潜入
波多黎各海沟时的深度

研究海洋深处最好的办法是把人送到海底去。

早在 16 世纪,一位名叫塔尔奇利亚的意大利人就开始琢磨如何下潜到海里。他钻到桶底吊有铅坠的木桶中,然后让别人将他连同木桶一起扔到海里,等到了海底,再将铅坠扔掉,木桶就又浮出了海面。

到 18 世纪 70 年代,美国人因独立问题与英国开战。当时大英帝国的海军力量世界第一,美国却连一艘战舰也没有。为此,美国人想出了在水下攻击英国军舰的办法,设计建造了世界上第一艘单人操纵的木壳潜艇"海龟号",可以潜至水下 6 m。艇上装有手摇螺旋桨和手动水泵,以操纵潜艇的航行和升潜。英国人被这种从没见过的武器打了个猝不及防。

美国人尝到甜头后,继续研究潜艇技术。到 19 世纪,制造出在水面使用汽油机动力装置,水下使用电动机为推进动力的新式潜艇。法国人又对这种潜艇进行了改进,采用双层耐压壳体结构,内外壳之间被充作压载水柜,以此控制潜艇下潜和上浮。

第一次世界大战促进了深潜技术的发展。1934 年,美国设计制造出第一个能够潜到水下 1 000 多米的深海潜水装置,它是一个外壁很厚的球形容器,本身没有动力,需要用缆索从停泊在海面的船上吊到水下。

第二次世界大战结束后,瑞士科学家皮卡德发明了一种用特殊耐高压材料制成的球状深海潜水器。1953 年,皮卡德建造的这种潜水器在地中海下潜到 3 150 m 的深处。1958 年,美国海军与皮卡德合作,建造出一艘更大的深海潜水器。这艘潜水器曾经在 1960 年首次下潜到 1.1 万 m 深的马里亚纳海沟底部,这里海底压力高达 1 100 个大气压。

此后，美国研制了以"阿尔文号"为代表的第二代深海潜水器，它曾经在地中海的海底找到了美国飞机坠毁时遗失的一颗氢弹，还成功地找到了沉睡大西洋海底多年的"泰坦尼克号"轮船。

20世纪70年代，与"阿尔文号"属于同一类型的法国深海潜水器"阿基米德号"曾10次潜入深达8 400 m的波多黎各海沟底部，这里是大西洋最深的地方，研究人员发现海底到处都有生物。

中国也研制开发了多种深海潜水器，其中最新型的"海极1号"载人潜水器最大潜深7 000 m。

潜水器及海底世界示意图

日本"地球号"海洋探测船海底钻探的深度

地球内部究竟有什么？

说实话，谁也不能亲眼得见。因为大家谁也没那么大能耐，挖一个很深很深的洞，然后钻进去看看。不过我们可以根据地震波传播的快慢，以及火山爆发喷出的物质，合理地加以推测。我们把脚底下的泥土和岩石都称作地壳，地壳下面是叫做地幔的部分。地幔物质占整个地球的2/3，那里很热，足以将岩石熔化成流动状。它们在那里翻滚搅动，就像一锅滚开的黏粥。如果地壳出现了裂缝，这些流动物质就会喷出地表，形成熔融赤热的熔岩，导致火山喷发和海底扩张，推动地球板块运动。

我们知道，地壳分为6大板块，这些板块实际上漂浮在地幔之上。因此，科学家要研究地球板块的运动，必须深入了解地幔物质的构成和及其内部温度和压力情况。虽然可以根据火山喷出的岩浆来推测地幔物质的组成，但是这些物质经历过地表环境下强烈的高温、冷却及其他过程，成分和特性已经改变，不能代表原始的地幔物质。所以最好的办法就是打一口很深的井，穿过地壳，直接获得地幔物质。

科学家们已经通过地震波知道，地壳的厚度在海洋和陆地并不相同，大洋底部的地壳厚度最小，只有5 000 m。因此，打井的地方最好选在深海。自20世纪60年代以来，人类进行了多次深海钻探和取样研究项目，其中"综合大洋钻探计划"由包括中国在内的10几个国家共同参与，研究人员在大西洋的洋脊处尝试钻透海底地壳，但在还差300米时遇到了坚硬的岩石，最终失败了。

日本很重视对地幔的研究，因为日本列岛正好处在3个不同板块的交界处，这里是地球构造运动最活跃也是最危险的地区，地震活动频繁。最近，日本海洋研究开发中心建造了一艘名为"地球号"的海洋探测船，排水量5.7万 t，船上装有各种最先进的深海钻探设备，包括世界上最高的钻探塔架，钻管有 9 500 m 长，可以停泊在水深 2 500 m 的海上进行深海钻探作业，从海底再向下钻探7 000 m。

目前，"地球号"已奔赴太平洋海岸外的南海海槽一带，那里是全球地壳最薄的地方，"地球"号准备在那里钻出一个人类有史以来最深的钻孔，钻透海底地壳，到达地幔层，目标是采集到地幔岩石标本，以便更加有效地研究引发地震的机制，做出更加准确的地震预报，同时在海底地壳的沉积物岩芯中寻找细菌，以便能够找到生命起源的线索。

日本"地球号"海洋探测船

世界上第一辆汽车的时程

你信不信，人类制造的第一辆汽车走起来与人的步行速度相差无几。

内燃机的发明使现代生活发生了一场革命。早在 19 世纪初，也就是在石油还未普遍应用时，就已经有人制成用松节油蒸汽或氢气作为燃料的内燃机。1860 年，法国发明家勒努瓦制成世界上第一台实用的内燃机。之所以称它为内燃机是相对于燃料在外部燃烧的蒸汽机而言，内燃机的燃料在汽缸内燃烧，产生的气体直接推动发动机活塞。由于内燃机结构紧凑，不像蒸汽机那样庞大，很适宜安装在小型车辆上作为动力。

1876 年，德国技师奥托发明了第一台四冲程内燃机。这种发动机的活塞上装有一个飞轮，工作时活塞首先向外运动，将汽油与空气的混合物吸入汽缸，活塞向外运动带动飞轮旋转，飞轮的惯性又使活塞向内回复，压缩油气混合物，然后油气混合物被点火而爆燃，推动活塞再次向外运动；爆燃冲程过后，活塞再次向内运动，使燃烧后的废气排出汽缸。如此不断地循环往复，使发动机保持连续运转。

不久，英国工程师克拉克又对这一内燃机进行了改进，在内燃机上装配 2 个气缸，当一个汽缸处于回复阶段时，让另一个气缸内的燃料燃烧做功，这样能使输出的动力均匀，功率更加强大，运转也更平稳，称为往复式发动机。我们现在的汽车至少有 3 个以上气缸，通常都是 4 缸或 6 缸。

1885 年，德国工程师本茨制造出世界上第一辆装汽油机的三轮汽车，时速约 6 km，相当于人步行的速度。此前，另一位德国工程师戴姆勒将一台单缸发动机装到自行车上，制成了世界上第一辆摩托车；后来，他又将这台发动机装到一辆四轮马车上，使它成为世界最早的四轮汽车。

1892 年，德国工程师狄塞尔发明了一种结构更简单的内燃机。他采用更

德国人本茨制造的世界上第一辆三轮汽车

德国工程师戴姆勒制造的世界最早的四轮汽车

高的压力来压缩气缸里的空气，使得单靠压缩产生的热就能点着燃料，省去了复杂的点火装置。由于可以用沸点较高的柴油作燃料，因此称为柴油机，被广泛用于重型卡车、拖拉机等农业机械和公共汽车、船舶及内燃机车。但通常柴油机噪音较大，排出的污染物也较多。

早期的汽油发动机采用化油器，导致一些汽油没有燃烧尽就排放了出去。20 世纪 80 年代，人们发明了多点燃油喷射器，可以将燃油精确、均匀地喷到每个汽缸中。到了 90 年代，又发明了顺序多点燃油喷射器，由微电脑分别控制发动机中的每一个燃油喷嘴，使汽油燃烧得比以前更加均匀，燃油效率和输出功率得到了很大的提高，同时极大地抑制了废气的排放。目前，这种电喷发动机已在很多国家（包括中国）得到推广。

　　近年来又出现了更先进的直喷式发动机，汽油被直接喷射到汽缸里，而不像以前那样先与空气混合。采用这种方法喷射出来的汽油在汽缸里会产生旋转或分层，从而达到更完全、更彻底的燃烧目的。不过，这种直喷式发动机造价很高，而且对燃油的品质要求很严，短时间内还难以普及。

海洋的平均深度

过去人们不知道大海到底有多深，只是觉得深不可测。有一个成语"情深似海"就是一种模糊的比喻。与前面那些距离相比，大海其实并不深。

在整个太阳系中地球上的海洋独一无二，这是我们的幸运。因为海洋孕育了生命，此后才有了我们人类。从绝对数量来看，地球上绝大多数生物都生活在海洋中。海洋还为我们提供了无数宝藏，因为绝大多数矿产资源也都在海洋中，只是我们还难以获取。

据科学家推测，金星和火星在历史上可能也曾有过较大的海洋。但不幸的是，金星由于大气温室效应，导致海水全部蒸发；火星则由于引力太小，海水也都逐渐逃逸了，只留下干涸的荒漠。因此我们要特别珍惜地球上的海洋，尽量保护好海洋。

海洋约占地球总面积的3/4，它的平均深度为3 729 m，海水约占地球全部水量的97.2%。海洋是地球上淡水供应的源泉，每年都有大量的海水蒸发，然后又作为雨或雪降落下来，形成溪流、江河、湖泊等。

海洋究竟是怎样形成的呢？

科学家认为，在原始地球形成之时，内部成分即含有氢、氨、甲烷、水等物质，以及各种硅酸盐和氧化物。原始地球在引力作用下急剧收缩，加上放射性元素衰变，产生大量的热，使得内部物质开始熔融，形成地核和地幔。在高温下，地球内部的水分与其他气体一起冲出来，大部分逃逸到太空中，但也有一小部分水汽和其他气体没有完全跑掉。

早期地球上根本见不到任何海洋和湖泊，在很长的一个时期内，天空中水汽与大气共存于一体，浓云密布，天昏地暗。大约到40亿年前，炽热的行星开始冷却下来，地壳逐渐凝结为固体。这时，来自天外的小行星和彗星频繁光顾地球，带来大量的水和各种有机分子。

此时，大气的温度在慢慢降低，水汽凝结成水滴落到地面，越积越多。由于冷却不均，空气对流剧烈，形成雷电狂风，暴雨浊流，雨越下越大，下了很久很久。滔滔的洪水，通过千川万壑，汇集成地球最初的原始海洋。

原始地球大气的主要成分是氢气、甲烷、氨以及水。早期地球的太阳辐射很强烈，除了使海水蒸发外，其中的紫外线还会将大气中的水分子分解为氢和氧。氧与甲烷作用生成二氧化碳和水，与氨作用生成氮和水，氮与地壳中的矿物质形成硝酸盐，而二氧化碳则进入大气。当大气中的氧积累到一定量后就会形成臭氧层，阻碍紫外线通过大气，从而阻止水的分解。

地球上最初的生命是在海洋中诞生的。由于有了生命，地球的大气才从氮和二氧化碳转变成氮和氧，而没有像金星一样导致过度的温室效应。

地球海洋的形成

北半球最大的水下中微子望远镜在海水中的深度

　　中微子是自然界最基本的物质粒子之一，研究中微子对理解粒子间弱相互作用非常重要，但探测它非常困难。水可以作为探测中微子的一种特殊介质，科学家们设想穿越地球的中微子偶尔会与水中的氧原子核发生随机碰撞，形成基本粒子 μ 子。通过安装在水下的光电探测器观测 μ 子在水中发出的微弱蓝光，可以推测出中微子的飞行方向和部分特性。

　　目前世界各国科学家建造的水下中微子探测项目共有三处。其一名叫"NT－200"，全称"贝加尔中微子望远镜"，是由德国与俄罗斯合作建造的首座水下中微子探测器阵列。它位于俄罗斯西伯利亚贝加尔湖水下 1 100 m 深处，利用湖水作为探测介质。NT－200 水下望远镜包括 200 个光电探测器，构成 72 m 高，直径 43 m 的阵列。这里水质清澈透明，水下漆黑一片，当穿越地球的中微子偶尔与湖水中的氧原子核发生随机碰撞时，形成的 μ 子在水中发出微弱的蓝光，可以被水下的光电探测器观测到。

　　另一处水下中微子望远镜是 ANTARES，全称"中微子望远镜天文学与深远环境研究"，建在法国南部海岸附近，利用海水作为探测介质，观测中微子在水中与氧原子核发生反应发出的辐射闪烁微光。该项目由法国与德、意、荷、俄、西、英等国合作开展。选定的位置距土伦海岸 40 km，位于海面下 2 500 m 深处，利用潜艇铺设安装光电探测器组件，目前正在建设之中。

　　这座水下中微子探测器阵列高 300 m，直径 150 m，由 12 条电缆和 900 个光电探测器构成，通过电缆与位于岸边的试验站相连，建成后将成为北半球最大的中微子望远镜。但是，在它的建设过程中还有许多问题需要解决。首先，与南极冰下望远镜相比，由于海底深处的压力是海平面的 200 多倍，要求光电探测器部件具有极高的耐压能力。其次，因为海水含有放射性同位素钾，其衰变会产生加速电子，会放出类似的蓝光和紫外线，海洋底层的深海鱼类和其他有机物也会产生生物光，欺骗光电探测器；另外，海流会移动探测器的位置。

希腊与德、俄、瑞士和美国也共同开展了一项与 ANTARES 类似的海底中微子探测项目，名为 NESTOR，全称"扩展水下中微子望远镜与海洋研究"。拟安装于距希腊派洛斯海岸 14 km 远的海底 4 000 m 深处。探测器阵列分为两组，为 12 层塔状，采用巨大的钛制六臂星形结构，高 410 m，直径 32 m，目前已进入设备组装阶段。

探测中微子，是人类的一个巨大的科学努力，因为中微子有大量的谜团尚未解开。

科学家准备敷设 ANTARES 水下中微子探测器

氢分子在室温下平均每秒移动距离

在 1 秒钟时间里，氢分子能在标准的 400 m 跑道上跑 5 圈。

19 世纪中期，蒸汽机在欧洲工业革命过程中得到广泛应用，由此产生了许多有关设计方面的问题，促使科学家从理论上加以进一步研究。

科学家在分析蒸汽机的热力学过程时发现，任何形式的功都能完全转化为热，但反过来就不是这样了。将热转变为功时，有一部分热是无法利用的，不可避免地要浪费掉。如要开动一台蒸汽机，只有当蒸汽的温度高于环境温度时，热才能转化为功。尽管在蒸汽凝结成的水里还有许多剩余的热，但它们却不能转变为功，而是被用来加热蒸汽机和周围的空气，克服活塞和汽缸的摩擦力等。实际上，在任何能量的转化过程中，都会有一些能量浪费掉。这些能量并未凭空消失，而是转化成了热，散失在周围环境中。

德国物理学家克劳修斯最先使用"熵"这个词来描述系统做功时，其中一些不可避免地要作为无用的热损失掉的能量。克劳修斯指出，在任何能量流动的过程中都会有一些损失，这使得宇宙的熵不断地增大。这就是"热力学第二定律"。

随着对物质的原子本性的了解，人们对热的本性终于有了更清楚的认识。瑞士科学家伯努利首次从分子的观点来解释气体的性质，提出组成气体的分子总是在不断地运动，互相碰撞，以及从容器壁弹回。此后，麦克斯韦和玻尔兹曼创立了气体分子运动论，将热看做是一种分子运动现象，即气体及液体分子的运动，或者固体分子的迅速振动。当固体被加热到一定温度，分子的振动强烈得足以打破相邻分子间的结合时，固体就熔化为液体。相邻分子间的结合越强，要打破这种结合就需要越多的热，因而这种固体的熔点就越高。物质处于液态时，分子可以自由地彼此相对移动。将液体进一步加热，

德国物理学家克劳修斯   瑞士科学家伯努利

分子的运动最终会激烈到使它们脱离液体，这时液体就沸腾了。液体分子间的相互作用力越强，沸点就越高。科学上将这种运动称为热运动。

气体的原子和分子总在不停地飞来飞去，这些原子和分子的速度各不相同，相差很大，描述它们的方法之一是统计学方法，例如运动速度大于某一指定速度的分子占多大比例，或者在某一条件下分子的速度。用来进行这种计算的公式是麦克斯韦和玻尔兹曼首先提出的，所以也被称为"麦克斯韦—玻尔兹曼定律"。

根据这个定律，在给定温度下，每一种粒子的平均速度与它的分子量的平方根成反比，因此可以算出，氧分子在室温下的平均热运动速度是500 m/s，而氢分子的平均热运动速度是氧的4倍，即2 000 m/s。

人类首次乘热气球飞行的距离

人类很久以前就梦想着能够飞上天去，并一直在为这个梦想而努力。

1783 年 11 月，法国孟特格菲尔兄弟首次成功地乘坐用绸布制成的热气球飞上了 1 830 m 的高空，而且飘飞了 1 600 m 远。同年 12 月，他们又搭乘氢气球飞得更高和更远。很快，气球便被用于军事。法国成立了世界上第一个气球侦察分队，在奥法战争中担任了军事侦察任务。此后，英、美、俄等国都开始在军事上使用气球。

不过，气球在天上完全依靠风力，乘坐人员无法操纵飞行的方向。后来，有人为气球装上帆和螺旋桨，形成了飞艇的原型。1852 年，法国人吉法尔制成世界上第一艘装有蒸汽机动力的飞艇，飞行速度大约 8 km/h。

19 世纪下半叶，科学家发明了小型的燃油发动机，马上就被用作飞艇的动力装置，使飞艇的飞行能力和操纵性大大增强。1872 年，法国已研制出大型飞艇，可载 14 人，能够飞到 1 000 多米的高空。

历史上最著名的飞艇要数德国人齐伯林研制的飞艇。他首次采用金属材料制作飞艇的骨架结构，因此他的飞艇被称为"硬式飞艇"。第一次世界大战期间，英国和法国使用小型飞艇执行反潜巡逻任务。德国则派出了齐伯林飞艇，携有火炮、机枪和炸弹等武器，用来袭击敌方的军事设施、攻击潜艇和进行远程侦察等。

一战结束后，齐伯林开办了德国航空运输公

1783 年法国孟特格菲尔兄弟首次乘坐热气球在皇宫前飞上高空

72

司，经营从德国到美国之间横越大西洋的飞行航线。其中一艘名为"齐伯林伯爵号"的飞艇曾用 21 天时间作环球飞行，航程约 3.5 万 km。齐伯林制造的另一艘有名的飞艇是"兴登堡号"，飞行速度为 121 km/h，可连续飞行 200 小时。

与当时刚出现不久的飞机相比，飞艇虽然速度慢，但容积大，运输成本低。飞艇内设有豪华的卧室、餐厅、休息厅和可供观光散步的走廊，一些富人将乘坐飞艇作为休闲旅游的方式。可惜好景不长。1937 年，齐伯林的"兴登堡号"飞艇在从德国汉堡飞往美国纽约途中，因静电火花引起气囊内氢气燃烧爆炸，导致 35 人遇难。此后，英、美等国也相继有多艘大型飞艇失事。风光一时的飞艇终于退出了航运。

近年来，经过改进的飞艇又渐渐活跃起来。这种新型飞艇采用安全的氦气，广泛用于空中摄像、巡逻、大型空中户外广告等方面。此外，由于飞行时几乎没有声音，雷达波和红外射线也几乎看不到它，飞艇具有很好的隐身特性，在未来的战争中仍将有独特的用途。

世界第一艘蒸气动力飞艇在 1852 年首次飞行

南极中微子探测器阵列位于冰面下的深度

很少有人知道，在常年冰雪覆盖的厚厚的南极冰盖下方，有一座世界上最大的中微子观测站，叫做 AMANDA，即"南极 μ 子和中微子探测器阵列"。由于它对准的目标是宇宙中遥远而且活动剧烈的物体，例如 γ 射线暴源和中心处有超大质量黑洞的星系，科学家们也将它称为"中微子望远镜"。但它和一般的光学望远镜或射电望远镜不同，接收到的不是光束或无线电波，而是宇宙射线中最神秘的物质——中微子。

中微子是宇宙中的暗物质之一，科学家迄今对它了解不多。建造中微子望远镜的目的是要绘制出宇宙中的高能中微子分布图。中微子是以直线前进的，因此可以准确地回溯到它们的源头，确认发射它们的遥远天体。而其他宇宙射线因为会受到磁场作用而偏转，所以很难确定其来源。

中微子极少与其他物质发生反应，因此要捕捉它十分困难。这就要求中微子望远镜首先要体积庞大，可以大大增加捉到中微子的几率。其次要屏蔽干扰，因此 AMANDA 中微子望远镜的"镜头"不是向上对着天空，而是向下，利用地球的庞大体积作为过滤装置，把除了中微子以外的其他一切宇宙射线都过滤清除掉。

选择在南极是因为这里几乎没有环境污染，冰的覆盖层很厚。在冰层深处，阳光无法穿透，一片漆黑。穿越地球的中微子偶尔会与冰中的氧原子核发生随机碰撞，形成 μ 子。μ 子在冰层中飞过时会留下一种特殊的蓝色光和紫外线。极地深处的冰层纯净透明，这种蓝光和紫外线将很容易被中微子望远镜上的光电探测器观测到。科学家们利用电脑对蓝光和紫外线进行分析，便可以确定这个中微子是从宇宙中什么地方飞来的。

建造 AMANDA 中微子望远镜是件很不容易的事，科学家用高压热水钻机在冰面钻出深深的孔洞，然后将 700 多个中微子光电探测器安装在冰下 1 520 ~ 2 000 m 深处，组成一个高约 500 m，直径 200 m 的中微子望远镜。

2003 年 7 月，科学家公布了首张根据收集到的数据制成的宇宙中微子源图像，这是人类得到的第一张宇宙中微子分布图。这张图在什么程度上反映了宇宙中中微子存在的真实状况还有待于科学的进一步研究。

科学家们目前正在将 AMANDA 升级扩大为由 4 800 个光电探测器组成的体积为 1 km³ 的阵列，希望能以此大大提高研究高能宇宙中微子的效率，获得更大的发现。科学家们还为它取了一个好听的名字，叫做"冰立方"，预计在 2010 年之前建成。

纽约自由塔的高度

2001 年 9 月 11 日，象征美国光荣与梦想的世贸中心双子塔（建成于 1973 年，高 417 m）遭受恐怖分子的袭击而轰然倒塌，近 3000 名无辜的生命离开了人世。2003 年，纽约市政府公布了在世贸中心遗址上建造自由塔（Freedom Tower）大厦的最终设计方案。

自由塔的主体结构高度为 1 776 英尺（541 m），以象征美国建国的年份——1776 年。大厦的 1~70 层将作为办公区，70 层以上则将利用悬索结构建立一个用于观景的公众区域。电视天线和用来供电的风力发电机也将建在大楼的顶部。加上顶部的电视天线，自由塔总的高度将超过 2 000 英尺（609 m），将进入世界最高建筑的行列。2006 年 6 月 29 日，纽约市政府公布了修建自由塔的最新方案。

建筑高度在 100 m 以上的建筑可以称为超高层建筑。超高层建筑是现代城市的一个重要象征，也是国家建筑设计和施工技术发展水平的标志。

尽管超高层建筑会面临许多难题，例如在结构设计上存在许多尚未完全解决的问题；建设成本和运行成本很高；难以应对消防、恐怖袭击等安全突发事件，但它在集约利用土地资源、提高工作生活效率、提高投资效率、促进科学技术发

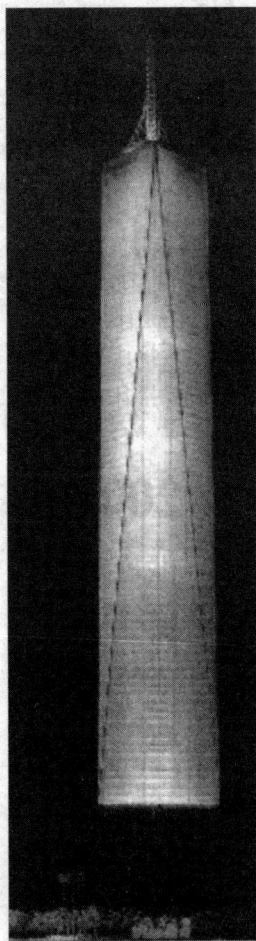

纽约自由塔设计效果图

展等方面具有巨大的优势，因此发展速度惊人。1894 年美国纽约高 106 m 的曼哈顿人寿保险大厦的落成代表着超高层建筑时代的来临。自此之后，超高层建筑的高度纪录不断被刷新，不过，建成于 1931 年、高达 381 m 的美国纽约帝国大厦的世界第一高楼的称号还是保持了 42 年。未来的超高层建筑正朝着服务功能更加综合、建筑造型更加多样、空间满足生态要求、安全控制更加智能的方向发展。

已建成的世界十大超高层建筑

建筑名称	城市	高度/米	层数	建成时间/年
国际金融中心	台北	508	101	2004
石油大厦 1	吉隆坡	452	88	1998
石油大厦 2	吉隆坡	452	88	1998
西尔斯大厦	芝加哥	442	108	1974
金茂大厦	上海	421	88	1998
国际金融中心	香港	415	88	2003
中信广场	广州	391	80	1997
地王大厦	深圳	384	69	1996
帝国大厦	纽约	381	102	1931
中环广场	香港	374	78	1992

最早的无线电报的传输距离

　　电报的出现彻底改变了以往人们用驿站、信鸽、烽火等传信的历史。不过，早期的电报必须通过长途电缆传送，这当然很不方便。能不能甩开这根电缆，将有线电报变成无线电报呢？

　　电磁波的发现给人们带来了希望。1883 年，德国物理学家赫兹进行了一项著名的实验，他将两个隔开的金属小球接上高压交流电，发现有电火花跳过两个小球之间。赫兹用一根弯成环形的导线，检测到有感应电流出现，这说明每当两个小球之间出现电火花时就会产生电磁波辐射，它像光一样，可以在空中传播，弯成环形的导线起到了"检波器"的作用。

　　几年后，法国物理学家布冉利改进了赫兹的检波装置，从 140 m 外就能够接收到电磁波。此时在俄国，一位名叫波波夫的青年科学家偶然发现，如果把一根导线搭在检波装置上，接收电磁波的距离就会突然增大许多，这其实就是天线的原理。他制作了一台带有天线的电磁波接收装置，向其他科学家演示了如何用无线电传输莫尔斯电码，成功地接收到 250 m 外发出的第一份无线电报。

　　与此同时，意大利工程师马可尼也独立发现天线能够增强电波的发射和接收效果，制成了一台功率更强的无线电报机，而且可以调谐发射电波的波长，能够接收到 14 km 外发出的电波信号。后来，经过改进的无线电报机甚至可以隔着英吉利海峡接收无线电报。马可尼因这项成就而获得 1909 年的诺贝尔物理学奖。

　　无线电报不需要架设电线，因此它很快被用于海上通信。例如，"泰坦尼克号"在遇险沉没前就曾不断用无线电向外发送求救信号，附近的轮船收到后及时前来救援，否则会有更多的人丧生。到 20 世纪初，欧洲与北美就已经可以隔着大西洋接收到从彼岸传来的无线电报了。

早期的无线电报机使用电码进行通信。后来，美国物理学家费森登研制了一种可以对无线电波的振幅进行调制的装置，它能携带声波信号，称为调幅波。由于调幅波频率很高，普通耳机无法接收，人们又发明了真空三极管，制成多级放大器，可以将调幅波中微弱的声波信号放大到能够接收的程度。

一些业余无线电爱好者开始自行装配简陋的无线电台，用耳机收听彼此的谈话和留声机放出的音乐，其中一些后来成为固定的音乐广播节目。1916年，美国马可尼公司开始生产一种简单的无线电接收机，上面有一个控制按键，能够接收几种不同频率的广播节目信号。这种"无线电音乐盒"一上市，便大受人们欢迎。这就是现代收音机的雏形。

意大利工程师马可尼发明的无线电报机

三峡水库的正常蓄水位

一代伟人毛泽东曾有一个宏伟的构想:"更立西江石壁,截断巫山云雨,高峡出平湖。神女应无恙,当惊世界殊。"这个"高峡出平湖"的构想正在变成现实,也就是当前世界上最大的水库——三峡水库即将建设完成。

三峡水库工程全称为长江三峡水利枢纽工程。整个工程包括一座混凝重力式大坝,泄水闸,一座堤后式水电站,一座永久性通航船闸和一架升船机。三峡工程建筑由大坝、水电站厂房和通航建筑物三大部分组成。大坝坝顶总长 3 035 m,坝高 185 m,总装机容量为 1 820 kW·h,年发电量 847 亿 kW·h。通航建筑物位于左岸,永久性通航建筑物为双线五包连续级船闸及单线一级垂直升船机。

三峡工程分三期,总工期 18 年。一期 5 年,主要进行一期围堰填筑,导流明渠开挖。修筑混凝土纵向围堰,以及修建左岸临时船闸,并开始修建左岸永久船闸、升船机及左岸部分石坝段的施工。二期工程 6 年,主要任务是修筑二期围堰,左岸大坝的电站设施建设及机组安装,同时继续进行并完成永久特级船闸、升船机的施工。三期工程 6 年,主要进行右岸大坝和电站的施工,并继续完成全部机组安装。到 2009 年三峡水库竣工,它将成为一座长达 600 km、最宽处达 2 km、面积达 10 000 km^2、水面平静的峡谷型水库。

三峡库区水位的变化可分为四个阶段。第一阶段:1997 年 11 月,大江首次截流,长江水位提高了 10 m。第二阶段:2002—2003 年 6 月,在导流明渠截流后,大坝将逐步蓄水,长江三峡水位由 66 m 提高到 135 m。第三阶段:2006 年 9 月,大坝提高到 150 m。第四阶段:2009 年,工程全面完工,经过 20~30 年的运行,其蓄水水位最终达到 175 m,坝前水位将提高近 110 m 左右。每年水位将有近 30 m 的升降变化。

三峡工程主要用来防洪。长江的荆江段流经的江汉平原和洞庭湖平原，是长江流域最为富饶的地区之一，属国家重要商品粮棉和水产品基地，但也是长江中下游洪水灾难最严重和最突出的地区。三峡水库的正常蓄水位为175 m，防洪库容221.5亿 m^3，为荆江的防洪提供了有效的保障，对长江中下游地区也具有巨大的防洪作用。三峡工程的效益还来自于发电。三峡水电站装机总容量为1 820万 kW，年均发电量847亿 kW·h。三峡工程建成后，还可以改善航运条件。三峡工程位于长江上游与中游的交界处，地理位置得天独厚，对上可以提高三斗坪至重庆河段通航能力，对下可以增加葛洲坝水利枢纽以下长江中游航道枯水季节的流量，能够改善重庆至武汉间的通航条件，满足长江中上游航运事业远景发展的需要。

长江三峡水利枢纽工程

最大动物蓝鲸的身长

让 20 个 1.7 m 的人头脚相连躺在地上的长度，就是目前所发现的成年蓝鲸的一般身长。

动物身体的大小取决于它自身的特点和对环境的适应能力。大动物能很好地储存身上的热量，保护自身的能力也比小动物强。小动物动作迅捷，躲避灾难的能力强，但被大动物吞吃的危险却大得多。

目前我们所知道的体型最大的动物是蓝鲸，它比已经灭绝的大型动物恐龙还要大。蓝鲸的身长可达 34 m，相当于 10 头非洲象的长度或者 6 条大白鲨的长度；蓝鲸的体重可超过 150 t，相当于 25 头非洲象的体重或者 2 000 个人的重量。好在有海水的浮力，它不需要像陆生动物那样费力地支撑自己的体重。与蓝鲸的身长与体重相一致，它的器官也大得惊人：舌头重 2 t，头骨 3 t，肝脏 1 t，心脏 0.5 t，血液循环量 8 t。

蓝鲸身体庞大，但性情十分温和，与性情凶残的食肉类鲸鱼如逆戟鲸截然相反。蓝鲸没有牙齿，以浮游生物为食，主食磷虾。蓝鲸的食物还有其他虾类、小鱼、水母、硅藻，以及各种浮游生物等。一头蓝鲸每天消耗 3 t 食物。蓝鲸捕食时游动的时速为 5 km 左右，被追逐时最大游速可超过每小时 40 km。

蓝鲸也是世界上发出声音最大的动物，它嘴里发出的声音可达到 180 分贝（相当于一架喷气式飞机造成的噪音），但是由于声音频率比较低（10~40 Hz），所以不容易被人们觉察到。

蓝鲸用肺呼吸，它的肺能容纳 1 000 多升的空气。蓝鲸大部分时间在深海底捕食，大约每 15 分钟左右露出水面呼吸一次。呼吸时先将肺内废气从鼻孔排出体外，再吸进新鲜氧气。它呼出废气时，能将鼻孔附近的海水喷出十几

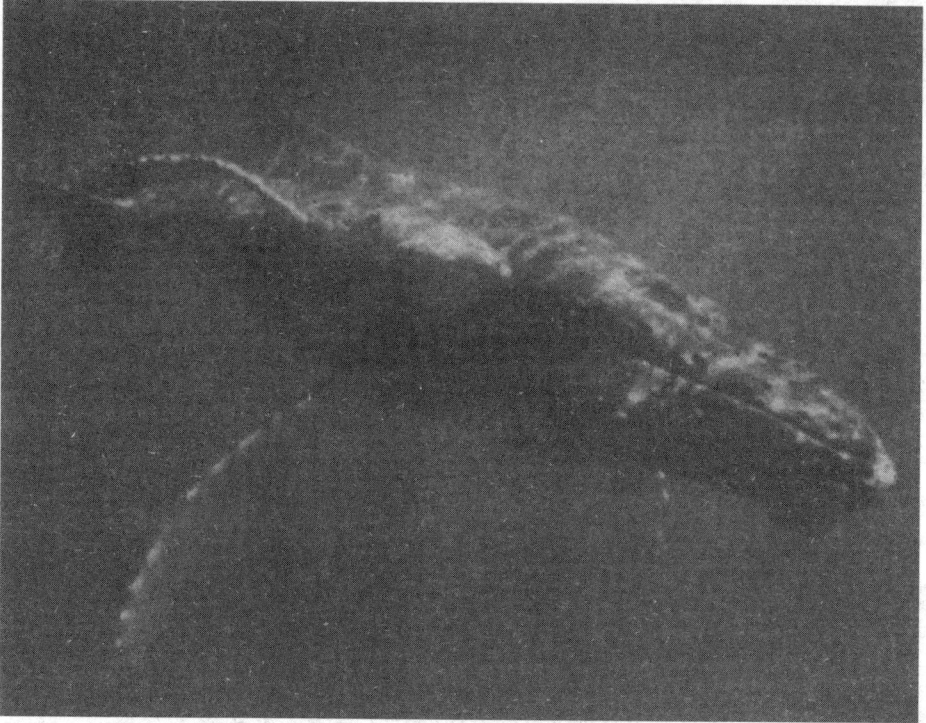
蓝鲸

米高的水柱。

　　蓝鲸在冬季繁殖，雌兽一般每 2 年生育一次，怀孕期为 10～12 个月，每胎只产 1 仔。刚出生的幼仔体长就达 6～8 m，体重约为 6 t。幼仔每天吸食的乳汁在 1t 以上，8 个月以后体长可增加到 15 m，体重增长到 23 t。到了 2 岁半至 3 岁时，蓝鲸的体长即可超过 20 m。蓝鲸的寿命一般都在 50 岁以上，长寿的可以活到 90～100 岁。

　　蓝鲸分布于从南极到北极之间的南北两半球各大海洋中，尤以接近南极附近的海洋中数量较多，但热带水域较为少见。由于捕获蓝鲸具有巨大的经济效益，多年来世界各国在各大海洋中竞相猎捕，使得蓝鲸在海里长大的时间越来越短，现在体长在 25 m 以上的蓝鲸已经很少见了。目前，全世界蓝鲸总数大约为 2 000 头，已被列入国际濒危动物保护目录。

成人小肠的长度

一个男人的身高在 1.75 m 左右，但是弯弯曲曲盘在肚子里的小肠却有 7 m 长。小肠在人体中的功能是消化食物、吸收营养，是最长的消化器官。一般来讲，人越高，其小肠也越长。

小肠可分为十二指肠、空肠与回肠三部分。十二指肠介于胃与空肠之间，紧贴腹后壁，成人的十二指肠长度为 20~25 cm，管径为 4~5 cm，是小肠中长度最短、管径最大、位置最深且最为固定的一段。它上端起自幽门，下端在第 2 腰椎体左侧，续于空肠，呈马蹄铁形包绕胰头。在十二指肠中部的后内侧壁上有胆总管和胰腺管的共同开口，胆汁和胰液由此流入小肠。因为它既接受胃液，又接受胰液和胆汁的注入，所以它的消化功能十分重要。十二指肠呈 "C" 形，包绕胰头，可分上部、降部、水平部和升部四部。十二指肠的升部长约 2~3 cm，自第 3 腰椎左侧向上，到达第 2 腰椎左侧急转向前下方，形成十二指肠空肠曲，移行为空肠。十二指肠空肠区由十二指肠悬肌连于膈右脚。此肌上部连于膈脚的部分为横纹肌，下部附着于十二指肠空肠区的部分为平滑肌，并有结缔组织介入。空肠约占空回肠全长的 2/5，主要占据腹膜腔的左上部，回肠占远侧 3/5，一般位于腹膜腔的右下部。空肠和回肠之间并无明显界线，在形态和结构上的变化是逐渐发生的。

小肠黏膜，特别是空肠，有许多环状皱襞和绒毛，使吸收面积增大 30 倍，可达 10 m²，而且已被消化的食糜在小肠内停留 3~8 小时，有利于营养物质的消化和吸收。黏膜下层中有由表层上皮下陷形成的肠腺，开口于黏膜表面，分泌肠液。胰液和肠液中含有多种消化酶，借以分解蛋白质、脂肪和糖类。胆汁有助于脂肪的消化和吸收。蛋白质、糖和脂肪必须分解为结构简单的物质，才能通过肠绒毛的柱状上皮细胞进入血液和淋巴，也可通过上皮细胞间隙进入毛细血管和毛细淋巴管。

　　人体对食物中的各种营养成分的吸收是一个相当复杂的过程。各种营养物质在小肠内的吸收位置不同，一般来说，糖类、蛋白质及脂肪的消化产物大部分在十二指肠和空肠内吸收，到达回肠时基本上已吸收完毕，只有胆盐和维生素 B_{12} 在回肠部分吸收。另外，肠内所吸收的物质，不仅有由口腔摄入的经过消化的物质，而且还有分泌入消化道的各种消化液本身所含的水分、无机盐和某些有机成分。

　　为了便于营养的吸收，食草类动物的小肠要比食肉类动物的小肠长一些，例如猪的小肠在 15 m 以上，绵羊的小肠超过 18 m，牛的小肠则可达到 50 m。

人的小肠示意图

精确制导炸弹的精确度

在有关越战的电影中，我们经常看到大群美国轰炸机飞临越南北方的上空，投下成串的炸弹，使地面变成一片火海和焦土。但美军的这种大规模轰炸持续了多年，自己损失不少，越军的作战实力反而越打越强，最后美军不得不灰溜溜地撤出了越南。

战后美国人对此进行了认真分析，发现原因之一是越方的防空火力网非常严密，导致美方轰炸机不敢低飞和精确瞄准，绝大多数炸弹都白扔了，什么都没有炸到。

尽管后来美军拥有了能够精确制导的导弹，但一枚导弹的成本与一架小型飞机相仿，而且数量有限，不可能大量发射，无法成为主要的攻击武器。对于地面目标的攻击，更多的还是依赖飞机投掷的航空炸弹。因此有人开始动起脑筋，希望将传统的航空炸弹改装成精确制导炸弹。具体的思路是给普通航空炸弹加上弹翼、制导系统和控制系统，使投掷后的炸弹在滑翔下降飞行的过程中自动发现和识别目标，调整自身的飞行方向，直奔目标而去。

精确制导炸弹的制导系统有两种制导方式：一是利用目标反射的激光束来制导，二是用全球卫星定位系统（GPS）来制导。

激光制导炸弹具有很高的精准度，但需要由另一架飞机或由地面人员同时向预定轰炸目标发射激光，炸弹才能顺着激光反射光束的方向飞去。此外，如果遇上浓密的硝烟

利用全球卫星定位系统

或尘埃，激光制导炸弹就会迷失方向，
丢失目标。

而 GPS 制导炸弹则具有全天候、
远距离投掷、发射后不需管理、多目
标攻击能力等优点。在对敌方实施精
确打击时，前方空中指挥员用无线电
将一组全球定位系统坐标数据转发给
战机，飞行员把数据输入飞机火控系
统的计算机，计算机再把这些数据输
入炸弹中的制导系统。战机可以在敌
军防空武器射程之外投下 GPS 制导炸
弹，然后炸弹在卫星的引导下自动找
到目标，并且还会不断自我纠正方向。

美军 GPS 制导炸弹

即使在恶劣的天气中，这种炸弹的准确性也非常高，距离靶心一般不超过
3 m。

有了精确制导炸弹，只需较少的飞机架次就能完成作战任务，从而降低
了人员伤亡和飞机的损耗。在 1991 年的海湾战争中，美军对单个目标实施攻
击，一般需要 24 架 F – 16 战斗轰炸机从多个方向投放数十枚常规炸弹。而在
2003 年的伊拉克战争中，同样的目标只需 2 架飞机投放 4 枚 GPS 制导炸弹就
够了。

宇宙线能穿透的铅的厚度

你知道吗？每时每刻，我们都在受到来自宇宙的射线即宇宙线的袭击。

1912 年，奥地利物理学家赫斯乘气球飞到高空，首次发现了一种来自太空的射线。它们的穿透力很强，有些甚至能穿透 3 米厚的铅，很像 γ 射线，但波长比 γ 射线要短。他将这种射线命名为"宇宙线"。由于这项发现，赫斯获得了 1936 年的诺贝尔物理学奖。

经过细致观测，科学家发现宇宙线主要是由质子、氦核、铁核等原子核组成的高能粒子流，此外还含有少数能量极高的电子、γ 射线和中微子束流。这些粒子在进入地球大气层时具有很高的能量，目前已观测到的最高能量达到 $10^{20}\,eV$ 以上。

1938 年，法国科学家奥吉尔发现，宇宙线还具有转化功能，即除中微子外，所有高能宇宙线在穿过大气层时都要与大气中的氧、氮等原子核发生碰撞，并转化出次级宇宙线粒子，而次级粒子又会产生下一代粒子。如此一来，便会产生一个庞大的粒子群。

时至今日，宇宙线的研究已逐渐成为天体物理学的一个重要研究领域，很多国家相继建立了观测站，开展对宇宙线的长期观测研究。例如我国早在 20 世纪就在西藏羊八井地区建立了宇宙线观测站。

许多科学家试图解开宇宙线之谜。一般认为，少数能量极高的宇宙线可能来自于超新星爆发，这些带电粒子流在星际空间和磁场中得到加速，其中一些最终穿过大气层到达地球；其他高能量的宇宙线可能与射电星系、类星体、中子星和黑洞等有关；中等能量的宇宙线则来自于太阳内部，因为太阳的核反应每时每刻都在向外发射粒子流，而且几乎每隔一年就会发生一次与太阳耀斑相关的宇宙线爆发。

宇宙线对地球和人类环境有巨大的影响。虽然大气层能够阻挡住绝大部分来袭的宇宙线，但有时强烈的宇宙线爆发仍会对人造卫星、航天员和在高空飞行的飞机及其中的乘客造成损害。有科学家认为，目前世界各国普遍关注的全球变暖问题很可能与宇宙线有直接关系，因为来自外层空间的高能粒子有可能影响大气中的云层厚度，而云层稀薄使得太阳将更多的热量照射到地球表面，导致气候变暖。

部分科学家认为，宇宙线很可能还与数十亿年前地球生命的起源有关，当时原始地球上只有一些简单的有机物质，这些高能量的带电粒子促使其加速合成并导致最初生命的诞生。此外，宇宙线还可能与地球生物物种的几次大灭绝有关。因为突然增强的宇宙线会破坏地球的臭氧层，其放射性会导致地球生物灭绝，但放射性也会使部分生物发生变异，从而产生新的物种。

1912 年，奥地利物理学家赫斯乘
气球飞到高空，首次发现宇宙线

光在真空中 1/299 792 458 秒的时间隔内所行进路程的长度

"米"（m）是国际标准计量单位中的 7 个基本物理单位之一。米作为基本单位是何时定义的，是如何定义的，1 m 到底有多长呢？

自古以来，人类在生产劳动中经常要对田地的宽窄、树苗的长短、房屋的高矮、道路的远近等进行长度计量，并在这一过程中逐渐认识到长度计量标准的重要性，于是，世界各地的人们根据自己的需要制定出不同的长度计量标尺。最早的标尺大多以人体的一部分作为长度单位，例如古埃及人将手的中指尖到肘之间的长度作为 1 腕尺。古代中国人以手指中节长度为 1 寸，手的长度为 1 尺。英国人则将 3 粒大麦一个接一个排成的长度定义为 1 英寸。

很显然，世界各国通行的这些种类繁多、杂乱无章、极不统一的长度单位，给商品的流通造成了许多麻烦。秦始皇灭六国后，首先要做的就是统一度量衡。西方国家经历文艺复兴后，随着科学技术的进步，也开始了长度单位逐渐趋于统一的进程。特别是 18 世纪工业革命后，为了制造更精密的机械与仪器，各国科学家不得不制定能保持经久不变的国际统一的长度测量标准。

1791 年，法国科学院提出采用当时被认为是最稳定不变的地球子午线作为长度基准，将地球子午线的四千万分之一定为长度单位，选取古希腊文中的 "metron" 一词作为这个单位的名称，后来演变为 "meter"，中文译成 "米"。法国科学家用了 7 年时间，测量了通过巴黎的地球子午线，并根据测量结果用铂制成了长度为 1 m 的标准米原器。

1875 年，法国国民议会邀请美、俄、德、奥等 20 个国家的代表在巴黎召开国际会议，正式签署了《米制公约》，确定以米制为国际通用的计量单位，同时成立国际计量局。1889 年，国际计量局用膨胀系数极小的铂铱合金精心

保存在法国巴黎档案局里的米原器

制成国际基准米尺，并重新把 1 m 定义为：在 0℃ 时保存在国际计量局中的铂铱基准米尺两条刻线间的距离。

国际计量局将基准米尺常年存放在恒温房间里，唯恐外界的气候变化影响基准米尺的精度。不过，再好的铂铱合金也会由于制作工艺和测量方法等方面的原因，产生万分之一毫米的误差。

此后人们逐渐认识到，应该寻找一种更好的方法，使长度基准更准确和更可靠。科学家在实验中发现，光在真空中每秒行进的距离为 299 792.4 km，这一速度永远不变，而且不受电磁、温度、气压等环境因素的影响，可以作为精确长度测量的基准。因此在 1983 年 10 月举行的第 17 届国际计量大会上，科学家们重新确立了米的定义：1 m 的长度是光在真空中 1/299 792 458 s 的时间间隔内所经过的路程。

全球卫星定位系统的最高定位精度

很多人都听说过 GPS，它可以用来指路，甚至有些人家里新买的汽车都已安装了 GPS。其实，GPS 的作用远不止这些。

伊拉克战争让许多人见识了 GPS 的厉害，美军的导弹和炸弹像长了眼睛似的，几乎颗颗准确命中目标。这"精确制导"的眼睛就是 GPS，它已经融入了美军整个作战系统，成为信息化作战不可缺少的组成部分。

民用也是它的一个重要领域，从南极的科考队到纽约街头的出租车，从远洋货轮到时尚人士拥有的新式手机，处处都可以发现它的身影。它的应用已遍布公安、银行、医疗、消防、电力、交通、旅游、采矿、救援等各个方面，甚至最近在国外还兴起了一种时髦的郊野"探宝"游戏，游戏者利用手持的 GPS 定位器，根据地理坐标提示，跋山涉水，攀岩钻洞，最后找到别人埋藏的"宝物"而获胜。

GPS 是"全球卫星定位系统"的英文简称。美国从 20 世纪 70 年代开始研制 GPS 系统，经过 20 余年的实验，耗资 300 亿美元，终于在 1994 年建成由 24 颗 GPS 导航卫星组成的全球卫星定位系统。它是美国国防部管理的军民两用的天基无线电导航系统，由导航星座、地面控制站和用户定位接收机组成。导航星座包括 21 颗工作卫星和 3 颗备用卫星，位于离地面 2 万 km 高的 6 个椭圆形轨道，每个轨道均匀分布 4 颗卫星，绕地运行一周时间为 12 小时。每颗卫星上都有一台原子钟和发送定位信号的无线电发射机，使得全球各地用户至少可同时接收到 6 颗卫星发送的定位信号。

GPS 卫星接收机种类很多，分为测地型、全站型、定时型、手持型、集成型等。接收机同时接收 3 颗卫星的信号，测量与这 3 颗卫星的相对距离，利用三角测量原理，便可以计算出自己所在的三维空间位置。如果接收机位于行驶中的汽车或飞行中的导弹上，还可以根据对测量时间内获得的距离数据进行时间微分，再通过测量卫星的多普勒频率，计算出汽车或导弹的运动速度和方向。

以往美国的全球卫星定位系统主要为军方服务，导航精度达到 7 m，经过地面站进行差分修正后误差可达到 3 m 以下。民用部分的定位精度开始被设定为 100 m，2006 年美国为了促进 GPS 民用市场的发展，宣布将定位误差减小到 20 m。

目前，除了美国的全球卫星定位系统外，还有俄罗斯的"格罗纳斯"卫星导航系统，以及在建的欧洲"伽利略"卫星导航系统和中国的"北斗"卫星导航系统。出于竞争的需要，美国目前正在对全球卫星定位系统进行升级换代。升级后，民用接收机的定位精度可以达到 5 m，军用部分的定位精度甚至可达到 0.5 m。

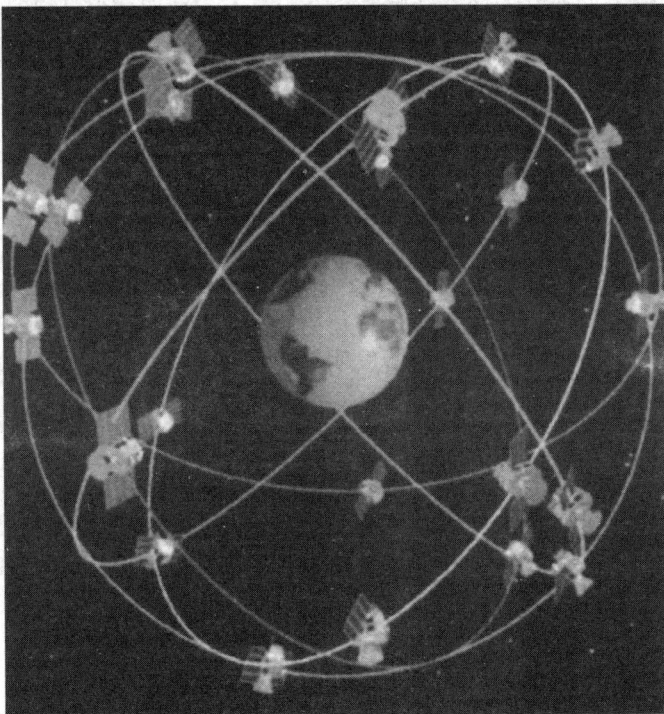

由 24 颗 GPS 导航卫星组成的美国全球卫星定位系统

世界上第一台回旋粒子加速器的磁极直径

粒子加速器是用来加速粒子的机器，是物理学家研究微观世界不可缺少的工具。

20 世纪初，英国科学家卢瑟福利用高速 α 粒子轰击氮原子核，实现了世界上首次人工核反应，揭开了原子核内部的秘密。他使用的 α 粒子来自天然放射性元素镭。铀虽然也能放射 α 粒子，但数量太少，远不如镭。而自然界中镭非常稀有，很难提取，无法大量使用，导致很多核反应实验无法进行。为此，物理学家们非常苦恼，开始琢磨是否有不用镭而获得高速粒子的方法。

1932 年，英国科学家科克罗夫特和爱尔兰科学家沃尔顿合作发明了世界上第一台直线粒子加速器，其原理是在加速电极之间加上超高电压，并将质子放在抽成真空的加速管中进行加速，获得最高能量为 70 万 eV 的质子流，最后打在锂靶上，与锂原子核发生核反应。这是世界上第一次用人工加速粒子轰击原子实现的核反应。由于这项成就，他们二人共同获得了 1951 年的诺贝尔物理学奖。

同一时期，美国科学家劳伦斯发明了世界上第一台回旋粒子加速器，其原理是利用磁场使带电粒子在两个扁平的高真空 D 形盒中作圆周回旋运动，同时利用高频交变电场反复加速。首台实用型加速器磁极直径为 0.27 m，被加速粒子的能量可达到 120 万 eV。劳伦斯通过加速质子、氘核和 α 粒子去轰击靶核，得到了高强度的中子束，还首次制成钠 24、磷 32、碘 131 等多种人工放射性同位素，因此他荣获了 1939 年的诺贝尔物理学奖。

在劳伦斯的主持下，美国加州大学伯克利分校建成磁极直径 0.94 m 的回旋加速器，使粒子能量达 600 万 eV。研究人员用它测量了中子的磁矩，并用氘核轰击钼，产生了第一个用人工方法制得的元素锝。此后，劳伦斯又主持建成磁极直径 1.52 米的大型回旋加速器，研究人员用这些高能量的"炮弹"轰击其他原子核，产生了许多新的核反应，使普通的物质转变为放射性比镭还要强的人工放射性物质，由此发现了一系列超铀元素。

早期的加速器都是用高速粒子轰击静止中的靶核，1960 年，意大利科学家陶歇克首次提出，采取两束高速粒子对撞的方式可以使加速的粒子能量充分得到利用。同年，在意大利的佛朗西斯国家实验室建成直径约 1 m 的电子对撞机。

此后建成的粒子加速器基本都以对撞机的形式出现，加速器的体积越建越大，能量也越来越高。在高能物理研究领域，几乎所有重大的发现都是在粒子加速器上完成的。

美国科学家劳伦斯和他研制的首台回旋粒子加速器

人类染色体中DNA分子伸展后的平均长度

染色体的主要化学成分是脱氧核糖核酸和5种被称为组蛋白的蛋白质。核小体是染色体结构最基本的单位。核小体的核心是4种组蛋白。

现在我们已知道，DNA分子具有典型的双螺旋结构，一个DNA分子就像是一条长长的双螺旋飘带。一条染色体有一个DAN分子。DNA双螺旋依次在每个组蛋白8聚体分子的表面盘绕约1.75圈，其长度相当于140个碱基对。组蛋白8聚体与其表面上盘绕的DNA分子共同构成核小体。在相邻的两个核小体之间，有长约50～60个碱基对的DNA连接线。在相邻的连接线之间结合着一个第5种组蛋白的分子。密集成串的核小体形成了核质中100 Å左右的纤维，这就是染色体的"一级结构"。在这里，DNA分子大约被压缩了7倍。染色体的一级结构经螺旋化形成中空的线状体，称为螺线体或核丝，这是染色体的"二级结构"，其外径约300 Å，内径100 Å，相邻螺旋间距为110 Å。螺线体的每一周螺旋包括6个核小体，因此DNA的长度在这个等级上又被再压缩了6倍。

目前认为人类的46条染色体中共含有约10亿个脱氧核苷酸，相当于10亿块枕木组成的长铁轨。可见每条染色体拥有的4种脱氧核苷酸数量极大，因此4种脱氧核苷酸从DNA分子的一端排向另一端，可存在千变万化的排列顺序，这种特定的脱氧核苷酸排列顺序蕴藏着无穷大数量的遗传信息。当蕴藏如此之多遗传性状的人类染色体长链DNA分子伸展时，其平均长度可达4 cm，难以想象它竟可装进在显微镜下才能看见的非常微小的细胞核中。长链DNA分子在空间上首先形成螺旋结构，然后再经过若干次盘旋、折叠而形成棒状的染色体，其长度令人不可思议地被压缩了近1万倍，才得以容身于直径为6～7μm的细胞核中。

染色体在细胞分裂之前才形成。在细胞的代谢期或间期，染色体分散成一级结构或伸展开的 DNA 分子，组成细胞核内的染色质或核质。

通常说遗传是由基因决定的。当细胞分裂时，核内的染色体若准确无误地复制出一套新的染色体，其脱氧核苷酸的排列顺序和结构与母细胞的完全相同，则父母代的遗传信息便全盘且正确地传递至子代。人类受精卵细胞中的 23 对染色体中，来自父亲的 23 条精细胞全盘继承父亲的遗传信息，另外 23 条来自母亲的卵细胞也忠实地保留了母亲的遗传信息，因而，生长发育成的子代的性状几乎是父母亲的"复制品"。遗传的物质基础是 DNA，因此基因就是位于染色体中的 DNA 片段，不同的基因可决定生物体的不同性状，也可以说某一特定基因携带着某一特定性状的遗传信息，因此基因实际上就是遗传的基本单位。科学家推测人体细胞中 46 条染色体共容纳着约 10 万个基因，可见人体的遗传信息量是何等之大。科学家于 1985 年提出了旨在阐明人类 46 条染色体上 10 亿个脱氧核苷酸的排列顺序的研究计划，这就是震撼全球的"人类基因组计划"，陔计划于 1990 年启动，至今已取得巨大成就，使人类第一次得以在分子水平上全面认识自我。

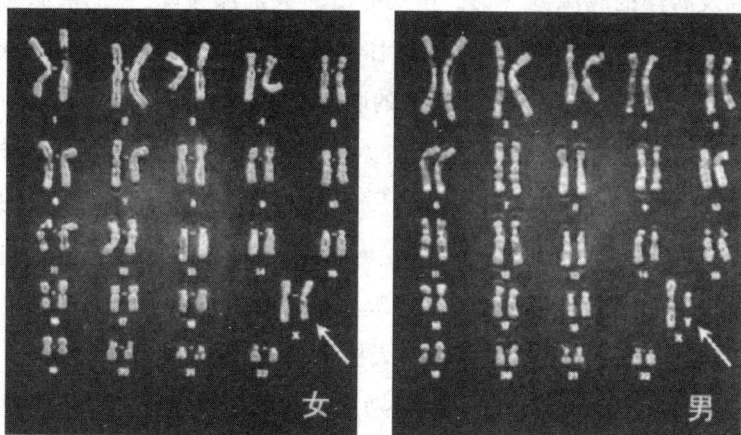

人类女性和男性的染色体组型

大西洋两岸每年相互分离的距离

如果你经常看世界地图，也许会注意到，南美洲的东海岸与非洲的西海岸似乎能拼合在一起。这只是一种巧合吗？

不是！因为南美洲与非洲原本就是在一起的，只不过后来相互分离了。

如果在 100 年前有人这么说的话，他一定会被认为是疯子。因为陆地怎么会移动呢？可是如今，连小学生都知道这么说是对的。

其实早在 19 世纪，就有人根据大西洋两岸古生物化石和岩层的相似性，提出这两个大陆原本是连接在一起的。不过，有关陆地怎么会移动的问题谁也解释不通，甚至有人把"诺亚洪水"等神话中的灾变事件扯了进来。

进入 20 世纪后，奥地利科学家魏格纳也遇到了这个问题。1915 年，他发表《大陆及海洋的起源》一书，正式提出"大陆漂移说"，他根据当时掌握的资料，从地质和古生物等角度对此作了详细论证。魏格纳认为，全世界所有的大陆都始自古生代时期一个庞大的联合古陆，称为"泛大陆"。后来由于潮汐的摩擦力和地球自转时从两极向赤道方向的挤压力，泛大陆开始分裂，较轻的花岗岩质大陆在较重的玄武岩质地幔上漂移，逐渐形成现在的七大洲和四大洋。

不过，由于魏格纳无法合理地解释大陆漂移的原因，因而受到了科学界的普遍反对，大陆漂移说也渐渐没人提了。

到了 20 世纪 50 年代，随着深海勘探、古地磁与地震学以及卫星观测的发展，科学家们在全球各大洋发现有越来越多的证据表明，地球具有活动板块构造，新的洋壳不断形成并向两边扩张，大陆随着海底的扩张而移动，这使一度沉寂的大陆漂移说获得了新生。

根据最新的研究结果，泛大陆确实曾经存在过，在泛大陆周围则是统一的泛大洋。大约在 2 亿年前，即三叠纪时代，泛大陆开始破裂成为两个部分，北方部分（包括如今的北美洲、欧洲和亚洲）称为"劳亚古陆"，南方部分（包括如今的南美洲、非洲、印度半岛、南极—大洋洲）称为"冈瓦纳古陆"，后来印度与南极—大洋洲共同向南漂移。

大约在 1.35 亿年前，即侏罗纪时代，地壳由北向南裂开一条大缝，将北方的"劳亚古陆"和南方的"冈瓦纳古陆"各切割成东西两部分。后来海水涌入，形成一条海底大断裂谷，地下熔岩不断向上涌出，堆积在断裂谷的两侧，形成大洋中脊，将地壳使劲朝两边推去，使得海底不断扩张，导致大陆板块漂移运动。

科学家利用卫星测量得知，如今大西洋两岸仍在以每年 4 cm 的速度相互分离。

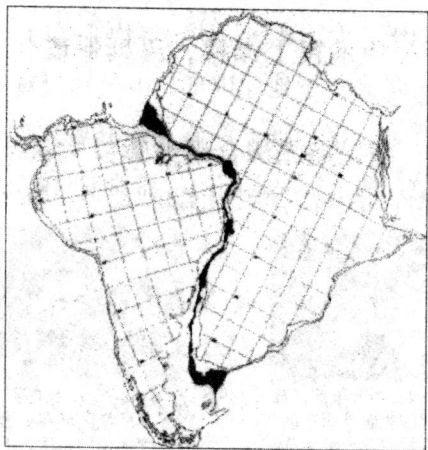

南美洲的东海岸与非洲的西海岸可以
像玩具拼板那样完美地拼合在一起

喜马拉雅山每年隆起的高度

我们都知道，喜马拉雅山是世界上最高的山脉。它是怎么形成的呢？

这还得要从地球板块的构造和运动说起。

所谓"板块"是指地球上层构造中的岩石圈部分被地震带和海底全球大断裂谷所分割成的若干大小不一的块体，也称"岩石圈板块"。目前科学家将全球划分为欧亚大陆、非洲、北美、南美、印度、南极－大洋洲6大主要板块，这些板块均位于类似流体的地幔物质之上，因而可以在地球表面水平移动，从而产生火山、地震、大陆漂移、造山等构造运动。

驱动板块运动的力量来自于地球内部，由于地幔对流，海底全球大断裂谷处的地下熔岩物质在此上涌，推动两侧板块分离，造成海底扩张，导致板块与板块之间或聚或散，两个板块之间的边界地带叫做构造活动带。

7 600万～6 500万年前，珠穆朗玛峰（浅色圆点所在区域）是印度板块与亚洲大陆间古地中海海底的沉积岩。

6 000万～3 000万年前，浅色圆点所在区域在仍然移动中的印度板块的挤压之下，开始上升。

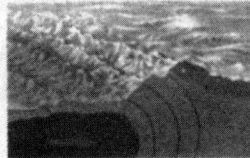

3 000万～200万年前，更多岩石向上冒升，喜马拉雅山脉出现了。古地中海之残余部分变成一个孤立的盆地。

今天：下面的地壳板块继续增加压力，珠穆朗玛峰仍在慢慢上升。原来在古地中海海底的沉积岩现已高出海平面8 844.43m。

喜马拉雅山地区的演化史

在大约 1.8 亿年前，地球上原本统一的泛大陆开始解体，北美和欧亚板块当时连在一起，共同向北漂移；南美和非洲板块连在一起，共同留在南面；这两块大陆中间出现了一片不很宽的海洋，科学家称之为"特提斯洋"。

此后，大陆继续分裂。印度板块逐渐与南极—大洋洲脱离，一步步向北漂移。最终在大约 6 500 万年前即恐龙灭绝的时代，与北方的欧亚大陆板块相互碰撞，钻到了欧亚板块下面，结果是在它们相互挤压的地方向上抬升隆起一座世界上最年轻的高耸山脉——喜马拉雅山。而"特提斯洋"则逐渐缩小，成为今天的地中海。

由于亚欧与印度两大板块之间相互碰撞、挤压的过程迄今仍未停止，喜马拉雅山目前仍在持续长高。大约在 300 万年前，它的生长速度还是平均每 1 万年上升 10 m。而近 1 万年以来，平均每年就上升 5 cm。现在它的生长速度虽然变慢了，但平均每年仍会长高 1 cm。

生物芯片微矩阵点的直径

　　生物芯片是指采用光导原位合成或微量点样等方法，将大量生物大分子比如核酸片段、多肽分子甚至组织切片、细胞等等生物样品有序地固化于支持物（如玻片、硅片、聚丙烯酰胺凝胶、尼龙膜等载体）的表面，组成密集二维分子排列，然后与已标记的待测生物样品中的靶分子杂交，通过特定的仪器比如激光共聚焦扫描或电荷耦联摄像机对杂交信号的强度进行快速、并行、高效的检测分析，从而判断样品中靶分子的数量。由于常用玻片/硅片作为固相支持物，且在制备过程中模拟计算机芯片的制备技术，所以也称之为生物芯片技术。根据芯片上固定的探针的不同，生物芯片包括基因芯片、蛋白质芯片、细胞芯片、组织芯片，另外根据原理还有元件型微阵列芯片、通道型微阵列芯片、生物传感芯片等新型生物芯片。如果芯片上固定的是肽或蛋白，则称为肽芯片或蛋白芯片；如果芯片上固定的分子是寡核苷酸探针或 DNA，就是 DNA 芯片。由于基因芯片这一专有名词已经被业界的领头羊 Affymetrix 公司注册专利，因而其他厂家的同类产品通常称为 DNA 微阵列。这类产品是目前最重要的一种，有寡核苷酸芯片、cDNA 芯片和 Genomic 芯片之分，包括两种模式：一是将靶 DNA 固定于支持物上，适合于大量不同靶 DNA 的分析，二是将大量探针分子固定于支持物上，适合于对同一靶 DNA 进行不同探针序列的分析。一块 1 cm^3 的生物芯片微矩阵点的直径是 200 μm。

　　生物芯片技术是 20 世纪 90 年代中期以来影响最深远的重大科技进展之一，是融微电子学、生物学、物理学、化学、计算机科学为一体的高度交叉的新技术，既具有重大的基础研究价值，又具有明显的产业化前景。由于用该技术可以将大量的探针同时固定于支持物上，所以一次可以对大量的生物分子进行检测分析，从而解决了传统的核酸印迹杂交技术复杂、自动化程度低、检测目的分子数量少、通量低等不足。而且，通过设计不同的探针阵列、使用特定的分析方法可使该技术具有多种不同的应用价值，如基因表达谱测定、突变检测、多态性分析、基因组文库作图及杂交测序等，为基因功能的研究及现代医学科学及医学诊断学的发展提供了强有力的工具，将会使新基因的发现、基因诊断、药物筛选、给药个性化等方面取得重大突破，为整个人类社会带来深刻而广泛的变革。

生物芯片可以应用于基因表达水平的检测、基因诊断、药物筛选、个体化医疗、测序、生物信息学研究。由于人类基因只是地球上几十万种生物基因资源中的一份子，在今后的几十年内，人类将测出所有物种的基因图谱。因此，类似如人类基因组计划的基因研究和生物信息产业，还仅仅是刚刚起步，其将来的发展前景是无法估量的。生物芯片作为生物信息学的主要技术支撑和操作平台，其广阔的发展空间也就不言而喻了。

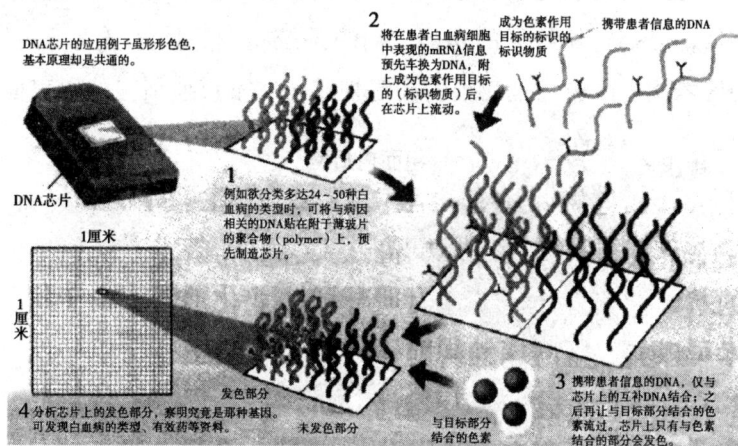

生物芯片的应用举例

真核生物体内细胞的直径

　　真核细胞指含有真核（被核膜包围的核）的细胞。其染色体数在一个以上，能进行有丝分裂，还能进行原生质流动和变形运动。而光合作用和氧化磷酸化作用则分别由叶绿体和线粒体进行。除细菌和蓝藻植物的细胞以外，所有的动物细胞以及植物细胞都属于真核细胞。由真核细胞构成的生物称为真核生物。在真核细胞的核中，DNA 与组蛋白等蛋白质共同组成染色体结构，在核内可看到核仁。

　　真核细胞的内膜系统很发达，存在着内质网、高尔基体、线粒体和溶酶体等细胞器，分别行使特异的功能。内膜系统将细胞质分隔成不同的区域，即所谓的区隔化。区隔化是细胞的高等性状，它不仅使细胞的内表面积增加

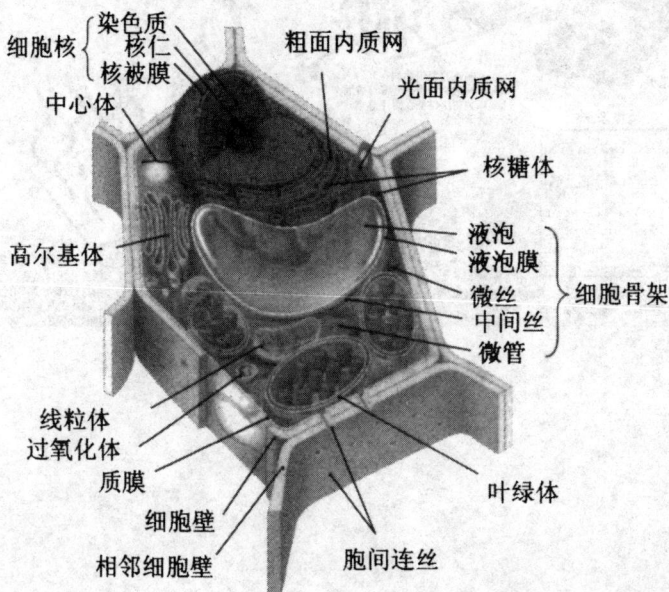

细胞核 { 染色质 核仁 核被膜 }

中心体

粗面内质网

光面内质网

核糖体

高尔基体

液泡 液泡膜

微丝 中间丝 微管 } 细胞骨架

线粒体 过氧化体 质膜

细胞壁

相邻细胞壁

叶绿体

胞间连丝

植物的真核细胞构造

了数十倍，各种生化反应能够有条不紊地进行，而且真核细胞的代谢能力也比原核细胞没有真正的细胞核的细胞大为提高。

细胞一般在显微镜下才能看清。但也有肉眼能看到的，如番茄果肉细胞的直径可达 1 mm；鸵鸟卵细胞直径 5 cm，是现有的最大细胞。构成不同生物的细胞大小各不相同。一般来说，原核生物细胞的直径（$1 \sim 10\mu m$）小于真核生物细胞的直径（$10 \sim 100\mu m$）；高等动物细胞的直径小于植物细胞的直径。此外，同一生物的不同组织和器官的细胞大小也是有差异的，这种差异往往与各部分细胞的代谢活动及功能有关。高等动物体细胞的直径一般为 $20 \sim 30\mu m$。种子植物的幼嫩细胞的直径通常是 $5 \sim 25\mu m$，成熟细胞的直径是 $15 \sim 65\mu m$；分生组织的细胞比薄壁组织等其他组织的细胞小；位于芽和根生长点的细胞的长、宽、高大约是 50、20、$10\mu m$（体积约 1 万 μm^3），在 1 cm^3 中大约可容纳 100 万个细胞。

细胞的大小还受外界环境条件的影响。经常参加体育锻炼的人肌肉发达，其原因是肌纤维体积增粗。植物种植过密时，就会长得细而高，因为它们的叶子相互遮光，导致体内生长素积累，使茎秆细胞伸得特别长的缘故。但不论物种的差异有多大，细胞的大小通常保持在一定的范围内，即直径为 $1 \sim 25$ μm，尤其是同类器官和组织的相应细胞。例如，大象与小鼠体型相差悬殊，但它们相应的器官与组织的细胞的大小却无明显差异。即使是差别最大的神经细胞，其大小也只相差两倍左右。因此器官的大小主要决定于细胞的数量而与细胞的大小无关，这就是所谓的"细胞体积的守恒定律"。

目前最薄的电子纸的厚度

你见过像纸一样薄的电子显示器吗？

它的学名叫"电子纸"，是一种超薄电子显示器，几乎像纸一样薄和柔软，可以折叠和卷曲，也可以反复擦写。它兼具传统纸张和电子显示器的长处，在任何时候、任何地方都能方便地阅读。与传统显示器相比，电子纸上的图文内容清晰，显示速度快，阅读舒适，长时间观看也不会使眼睛疲劳。而且电子纸的重量很小，携带方便，仅需微量的电能来控制上面的电子墨颗粒，成像后阅读和保存信息几乎不消耗能量，可以利用阳光或灯光来做能源。

20 世纪 70 年代，美国施乐公司帕洛阿尔托研究所的工程师谢尔顿提出了一种新型显示材料的基本构想，就是把一粒粒直径小于 $100\,\mu m$ 的塑料小珠嵌在一种柔性透明薄膜里，这些小珠由两个颜色不同的半球体组成，每个半球体分别带正电或负电。小珠被放入胶片中的微小洞孔里，洞里满是透明液体，可以让塑料小珠自由转动。每当电流通过电子纸时，电场作用令塑料小珠转动，控制该部分显示文字或图像。但施乐公司的高层管理者对谢尔顿的发明并无多大兴趣，谢尔顿带着这项技术离职创办了自己的公司。2001 年 3 月，这种名为"灵巧纸"的硬板状显示器首次公开展示。第二代"灵巧纸"改用了柔性塑料，能够像纸一样弯卷，厚度约为 0.25 mm，是普通纸厚度的 3 ~ 4 倍，通过一种类似打印机的装置显示图文内容。

与此同时，麻省理工学院的科学家雅各布森发明了另一种电子纸技术。他利用电泳原理，即悬浮在液体中的带电粒子在电场作用下所产生的运动，制作了一种直径 $60\,\mu m$ 的微小透明硅树脂胶囊，每一个微胶囊中都填满了带负电的炭黑和带正电的氧化钛的微粒，然后将这种胶囊涂到胶片或纸张上，在其下面设置电极，通电后氧化钛和炭黑就会上下移动，从而形成黑白图案，雅各布森称其为"电子墨水"。雅各布森后来也创建了自己的公司，继续改进这一技术，使其可形成彩色图像。

此后，由于电子纸诱人的商业前景，美、日、欧洲的许多大企业也都投入资金研究开发。2003 年年底，飞利浦公司推出了世界上第一个高清晰度电子纸显示器，仅重 7 g，可以存储 500～1 000 本书的信息量，显示屏的厚度为 0.9 mm，可以卷成直径不到 4 cm 的圆筒，显示效果与视觉感观与一般纸张几乎完全相同，读者可以在明亮的光线下或昏暗的环境中从任何角度阅读，可使用"电笔"在纸上作批注，还可以从互联网下载新的图书内容。最近，日本千叶大学开发出厚度只有 0.1 mm 的电子纸，真正达到了传统纸的厚度范畴。

目前已有多家公司开发出各种电子纸产品，包括电子图书、电子报纸、电子墙纸、电子纸笔记本、可卷曲的便携式电脑显示屏，以及使用电子纸显示屏的手表、掌上电脑和手机等。

利用电子纸材料制成的"电子报纸"

人类胚胎干细胞的直径

干细胞具有经培养不定期地分化并产生特化细胞的能力。在正常的人体发育环境中，它们得到了最好的诠释。人体发育起始于卵子的受精，产生一个具有能发育为完整有机体的潜能的单细胞，即全能性的受精卵。受精后的最初几个小时内，受精卵分裂为一些完全相同的全能细胞。这意味着如果把这些细胞中的任何一个放入女性子宫内，均有可能发育成胎儿。当受精卵分裂发育成囊胚时，内层细胞团的细胞即为胚胎干细胞。胚胎干细胞具有全能性，可以自我更新并具有分化为体内所有组织的能力。胚胎干细胞是一种高

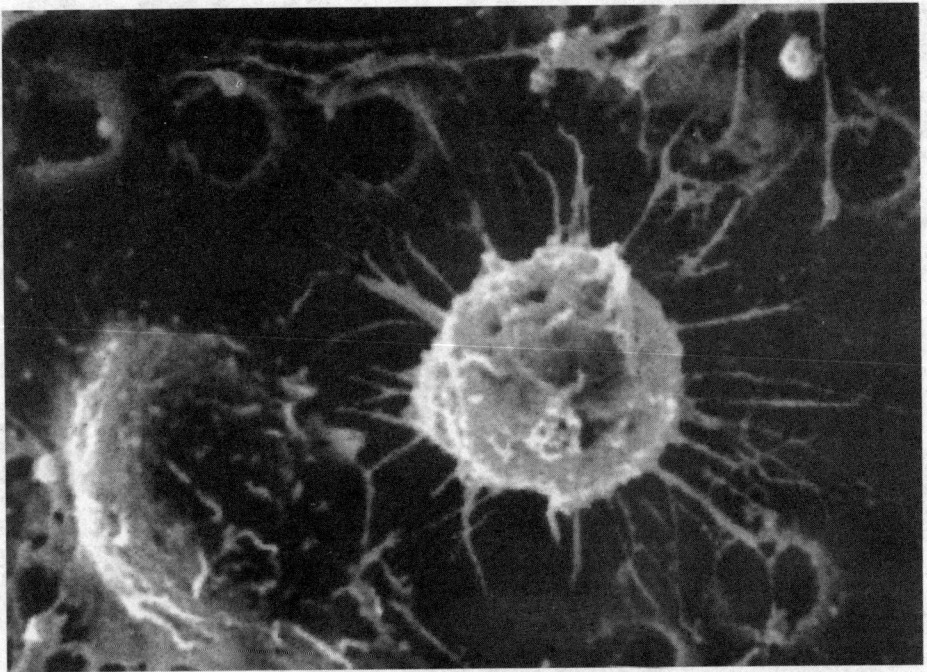

电子显微镜下的人类胚胎干细胞放大图像

度未分化细胞。虽然人类胚胎干细胞仅有 $10\mu m$，但是它能分化出成体动物的所有组织和器官。研究和利用胚胎干细胞是当前生物工程领域的核心问题之一。

目前许多研究工作都是以小鼠胚胎干细胞为对象展开的。人类胚胎干细胞是人体的基本组成部分，是其他所有人体组织发育成长的基础，它们在人类胚胎中只能存活几天时间。在 1998 年末，有两个研究小组成功地培养出人类胚胎干细胞，保持了胚胎干细胞分化为各种体细胞的全能性。这样就使科学家利用人类胚胎干细胞治疗各种疾病成为可能。但是从人类胚胎中提取干细胞是一个伦理学角度上十分敏感的话题，因为提取干细胞往往会将人类胚胎杀死。因此人类胚胎干细胞的研究工作引起了全世界范围内的很大争议，出于社会伦理学方面的原因，有些国家甚至明令禁止进行人类胚胎干细胞研究。无论从基础研究角度来讲还是从临床应用方面来看，人类胚胎干细胞带给人类的益处非常大，于是，许多人就开始以其正面影响为依据对这种研究进行伦理方面的辩护，至使要求展开人类胚胎干细胞研究的呼声也一浪高过一浪。

利用人类胚胎干细胞培育供移植用的细胞、组织或器官，据认为在医疗上具有重要价值。但是刺激干细胞在体外进行分化并非易事，这一过程受到

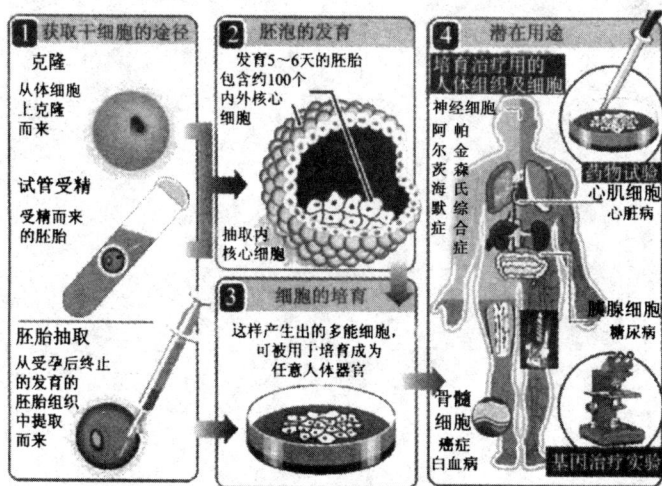

人体胚胎干细胞试验性研究

很多因素的限制。比如，干细胞在体外赖以生长的材料，对干细胞的习性会产生影响。

干细胞对早期人体的发育特别重要，在儿童和成年人中也可发现专能干细胞。举我们所最熟知的干细胞之一——造血干细胞——为例，造血干细胞存在于每个儿童和成年人的骨髓之中，也存在于循环血液中，但数量非常少。在我们的整个生命过程中，造血干细胞在不断地向人体补充血细胞——红细胞、白细胞和血小板——的过程中起着很关键的作用。如果没有造血干细胞，我们就无法生存。

胚胎干细胞是人体的"万能细胞"，理论上可以分化成任何人体组织细胞。科学家希望能用健康的胚胎干细胞培育出的组织替代病患组织，治疗传统方法难以治疗的慢性疾病。

大肠杆菌细胞的平均长度

大肠埃希氏菌通常称为大肠杆菌，是埃尔利希在 1885 年发现的，在相当长的一段时间内，它们一直被当作正常肠道菌群的组成部分，被认为是非致病菌。直到 20 世纪中叶，人们才认识到一些特殊血清型的大肠杆菌对人和动物有病原性，尤其是对婴儿和幼畜（禽），常引起严重腹泻和败血症。根据不同的生物学特性，致病性大肠杆菌可分为 5 类：致病性大肠杆菌、肠产毒性大肠杆菌、肠侵袭性大肠杆菌、肠出血性大肠杆菌和肠黏附性大肠杆菌。

大肠杆菌中的革兰氏阴性短杆菌，平均长度是 $2\mu m$。1 500 个杆菌头尾相接，只有一粒芝麻那么长。它们的宽是 $0.5\mu m$，$60 \sim 80$ 个杆菌肩排列只有一根头发那么粗。至于杆菌的体重则更小，每毫克有 10 亿 ~ 100 亿个，像一粒苋菜籽的重量，竟可包含与目前地球上人口总数相等的 44 亿个杆菌。它们的这些特点特别有利于它们和周围环境进行物质、能量、信息的交换，也意味着这些微生物必然有着一个巨大的营养吸收、代谢废物排泄和环境信息接受面。这一特点也是微生物与一切大型生物相区别的关键所在。微生物的其他很多属性都和这一特点密切相关。

大肠杆菌周身都有鞭毛，能运动，无芽孢。能发酵多种糖类产酸、产气，是人和动物肠道中的正常栖居菌，婴儿出生后即随哺乳进入肠道，与人终身相伴，其代谢活动能抑制肠道内分解蛋白质的微生物生长，减少蛋白质分解产物对人体的危害，还能合成维生素 B 和维生素 K，以及有杀菌作用的大肠杆菌素，正常栖居条件下不致病。在肠道中大量繁殖，几乎占粪便干重的 1/3。兼性厌氧菌。在环境卫生不良的情况下，常随粪便散布在周围环境中。若在水和食品中检出此菌，可认为是被粪便污染的指标，从而可能有肠道病原菌的存在。因此，大肠菌群数常作为饮水、食物或药物的卫生学标准之一。

大肠杆菌的抗原成分复杂，可分为菌体抗原、鞭毛抗原和表面抗原，后者有抗机体吞噬和抗补体的能力。根据菌体抗原的不同，可将大肠杆菌分为150多型，其中有 16 个血清型为致病性大肠杆菌，常引起流行性婴儿腹泻和成人肋膜炎。

　　大肠杆菌作为外源基因表达的宿主，遗传背景清楚，技术操作简单，培养条件简单，大规模发酵经济，备受遗传工程专家的重视。目前它是应用最广泛、最成功的表达体系，常被作为高效表达的首选体系。

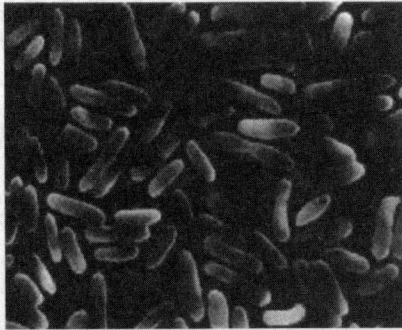

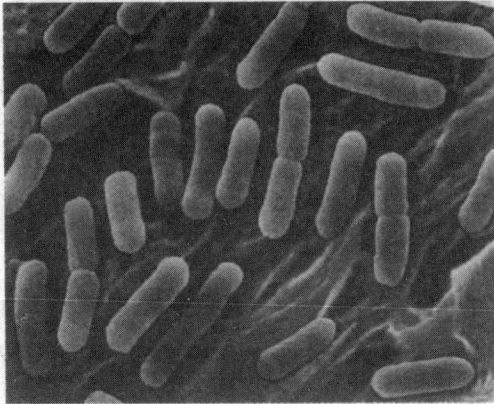

电子显微镜下的大肠杆菌放大图像

幽门螺杆菌长度

2005 年的诺贝尔生理学或医学奖被授予澳大利亚科学家巴里·马歇尔和罗宾·沃伦，以表彰他们发现了导致人类罹患胃炎、胃溃疡和十二指肠溃疡的罪魁——幽门螺杆菌。与那些"曲高和寡"的获奖成果相比，这项成果似乎显得有些平凡。

长期以来，人们认为胃炎、胃溃疡和十二指肠溃疡这些疾病与细菌无关。所以，当沃伦在 20 世纪 70 年代发现幽门螺杆菌时，大家都不信。后来，他的合作者马歇尔为了证明致病机理，曾喝下含有病菌的溶液，最终证实了幽门螺杆菌就是导致胃炎的罪魁祸首。

1979 年，42 岁的澳大利亚皇家帕斯医院病理学家沃伦用普通光学显微镜在一例胃炎患者的胃活检标本中观察到，在胃黏膜表层有呈弯曲状的细菌。沃伦感到很奇怪，因为一般认为在胃酸的环境中，细菌是无法生存的。然后他用放大 1 000 倍的显微镜更仔细地观察，肯定了这种细菌确实存在；至此，沃伦仍不放心，进一步用银染的方法对切片进行染色，从而更清晰地观察到了细菌的形态和数目。在此后的两年中，沃伦在许多慢性胃炎患者的病理标本中，都观察到了这种细菌，并发现，在所有的标本中，与细菌相邻的胃黏膜都明显受损。因此，他认为，这种慢性胃炎患者胃中存在的细菌（当时他们称之为弯曲菌）一定与胃炎的发生有关。就这样，一个反复观察到的现象逻辑地导致了一个关于胃炎发生的新假说的诞生。

但是沃伦知道，要进一步证实这一设想，必须要有临床医生的参与。他试图说服帕斯医院消化科的医生们注意他的观点，但是几乎没有人对他的这种观点真正感兴趣，更没有人愿意与他合作对此进行深入的研究。1981 年，一个 30 岁的实习医生马歇尔来到医院进行内科学实习，他先被安排在消化内科进行 6 个月的训练。消化科主任沃特斯便建议马歇尔与沃伦合作，研究一下细菌与胃炎的关系。马歇尔当时一定没有想到，巨大的幸运会以如此漫不经意的方式降临到他头上：他职业生涯的第一步就走在了通向诺贝尔奖的道路上。马歇尔的加入，使沃伦可以不断地获得研究所需的临床标本，研究工作迅速推进。到 1982 年，沃伦在马歇尔的协助下，已经积累了 135 个胃炎的活检标本，并证明，所有的标本中都检出了弯曲菌。沃伦认为他的"胃炎细菌学假说"已有了更有力的证据，因此将结果整理成文，并于 1983 年在著名的《柳叶刀》杂志上公开发表。该论文的题目是《慢性胃炎胃上皮的一种未知弯曲菌》，作者仅有两人，沃伦排在第一，马歇尔在第二。这篇文章肯定了细菌能在胃的强酸环境中生长，并清楚地提示了它与胃炎的发病有很强的相关性。这个初步的结论具有明显的观念上的"革命性"。

从 20 世纪 80 年代开始，这一科研成果开始在临床应用，使胃溃疡等疾病的治疗有了革命性突破。原先，医生用治酸的方法来治疗这些疾病；后来，用抗菌手段治疗，这些疾病的复发率明显降低了。近年来，科研人员又发现幽门螺杆菌可能是引发胃癌的重要原因，并已从此入手，进行胃癌防治方面的研究。

幽门螺杆菌的长度仅有 $3.5\mu m$。它能分泌一种碱性物质，包在细菌的外面起保护作用，使细菌能在胃酸中存活下来。所以单纯用一种药物是很难杀死它的，通常需用三种"武器"联合攻击，在它没有产生耐药性之前将其剿灭。这三种"武器"是指质子泵抑制剂或铋剂加上两种抗生素。

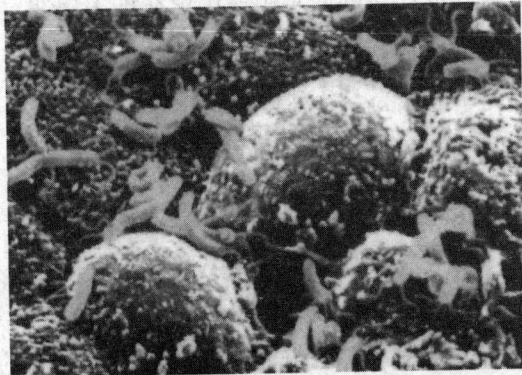

电子显微镜下的幽门螺杆菌放图像

红光的波长

人类很久以前就对光产生了兴趣。古代的学者们根据观察知道：光能够沿着直线路径行进；光从镜面反射的角度等于它射向镜面的角度；光束从空气中进入玻璃、水或者其他透明物质时会发生折射；等等。

1666 年，英国科学家牛顿让一束阳光穿过窗帘上的小孔射进暗室，斜照在玻璃三角棱镜上。他发现光束一进入玻璃就会发生折射，而在射出棱镜的另一面时折射得更加厉害。牛顿将射出的光束照在一面白屏上，发现这时光束不是形成一个白光点，而是散开成一条彩色光带，各种颜色按红、橙、黄、绿、青、蓝、紫的顺序排列着。牛顿由此推断说，普通白光是几种不同颜色的光的混合物，这些光在各自单独作用于眼睛时会产生不同的色觉，他还将各种颜色组成的光带称为"光谱"。他断定，光是由高速运动的细小微粒组成的，这可以解释为什么光按直线前进，并能投下清晰的影子。镜子反射光是因为光微粒从镜面上反弹开来，光进入水或玻璃时发生折射则是因为光微粒在这些媒质中比在空气中运动得快。

同一时期的荷兰科学家惠更斯提出了一种同牛顿的理论对立的学说，认为光由细小的波组成，这就不难解释为什么各种不同颜色的光在通过同一媒质时折射程度各不相同了。因为折射程度是随波长而改变的，波长越短，折射越厉害。折射得最厉害的紫光的波长必定比蓝光的波长短，而蓝光的波长又比绿光的波长短……。正是波长的这种差别使得人眼能辨别出各种颜色。还有，既然光是由波组成的，两束光交叉通过时当然就互不干扰了。

科学家们为光到底是粒子还是波争论了很长时间。直到 19 世纪中期，英国物理学家麦克斯韦揭示了电磁波的性质，认为光实际上是电磁波的一种。1900 年，德国物理学家普朗克提出了量子论，提出在光波的发射和吸收过程中，物体的能量变化是不连续的，而这又使光的粒子说得以复活。1905 年，爱因斯坦以推广的量子论为基础，提出了光电效应的光量子解释，认为光兼有波与粒子的双重属性，即所谓光的波粒二象性。他因此而获得了 1921 年的诺贝尔物理学奖。

科学家将我们肉眼能看见的光称为可见光，从红外线的一端开始，到紫外线的一端结束；我们的肉眼能够分辨的可见光的基本颜色有 7 种，即"红、橙、黄、绿、青、蓝、紫"，这些光按照不同的波长而分开。波长越长，光的穿透力越强；波长越短，光的穿透力越弱。红色光的波长最长，不过，也只有 $7.5 \times 10^{-7} \mathrm{m}$；而紫色光的波长最短，约为 $3.9 \times 10^{-7} \mathrm{m}$，其他颜色的光的波长位于红色光和紫色光之间。

英国科学家牛顿

现代光学显微镜分辨的最小极限

科学家经常使用光学显微镜来观察微生物。将一滴看似洁净的雨水放到显微镜下，那些人的肉眼无法分辨的细菌等极微小物体立即清晰地呈现在人们的眼前。

这种神奇的显微镜是科学家进行实验研究的重要工具，你知道它的来历吗？

早在中世纪，欧洲人就已掌握了很成熟的玻璃制造工艺，能够制作出放大镜、眼镜等。伽利略曾利用这些玻璃镜片发明了最早的望远镜。其实简单的显微镜与望远镜的光学原理差不多，都是将一组玻璃制成的凹凸镜片巧妙地结合在一起，使光线发生折射、反射，令从物体而来的光线聚焦形成放大的物体镜像。最早的光学显微镜据说是由荷兰工匠发明的，随后便在欧洲各国流传开来。

很多早期的欧洲科学家都曾自行制作过显微镜，例如 17 世纪的英国生物学家胡克利用自制的显微镜观察动植物的微观结构，首次发现了人们过去看不到的许多微生物和构成生物的基本单元——细胞。荷兰科学家列文虎克先后自制了上百架显微镜，最高能放大 300 倍，他利用自制的显微镜首次观察到细菌和原生动物等。此后，历代科学家都对光学显微镜进行了改进，使其进行细微观察的能力大为提高，为生物学家和医学家发现病菌和微生物结构提供了有效的工具，导致了 19 世纪细胞学、微生物学等新型学科的出现。

不过，在逐渐提高光学显微镜分辨能力的过程中，科学家们也开始发现，光学显微镜的放大倍率并非可以无限增加。19 世纪 70 年代，德国科学家阿贝从理论上证明光学显微镜的分辨能力是有极限的，因为光具有一定的波长，光的衍射会使任何尺寸小于光波长一半的物体细节变得模糊不清。我们知道，可见光中波长最短的是紫色光，约为 3.9×10^{-7}m，因此光学显微镜可分辨的两点间距最小不会小于 2×10^{-7}m，最大放大倍率不会超过 1 500 倍。

进入 20 世纪后，光学显微技术得到了进一步的发展。人们为了克服光学显微镜的观察极限，发明了紫外光显微镜，使分辨率提高到 0.1μm，放大率可提高至 2 000 倍。1932 年，荷兰物理学家泽尔尼克发明了相衬显微镜，并因此获得了 1953 年的诺贝尔物理学奖。后来，人们又相继研制出荧光、红外光、偏光和激光显微镜。20 世纪 70 年代后，又陆续研制出共焦点激光扫描显微镜、暗场显微镜、相衬和微分干涉显微镜、录像增加反差显微镜等采用最新技术的光学显微镜，帮助科学家更好地研究微观物质世界。

荷兰科学家列文虎克自制的光学显微镜

禽流感病毒颗粒的直径

1918 年到 1919 年，一场始于西班牙的不明流感至少感染了 2 亿人。后来，科学家根据出土的尸体查明，这场流感的罪魁祸首就是禽流感。1968 – 1969 年，一场始于香港的流感也感染了至少 750 万人，其肇事者还是禽流感。进入 21 世纪不久，禽流感似乎更加频繁地造访那些飞翔的鸟儿。

禽流感究竟是什么呢？

禽流感其实就是飞鸟、鸡鸭等禽类得的流行性感冒。由于鸟儿能自由飞翔，且该病能较长时间地潜伏，禽流感一旦传染开来就变得难以控制，会导致大批禽类死亡。更可怕的是，它还能传染到人身上。

科学告诉我们，禽流感实际上是由禽流感病毒引起的。病毒是一类非细胞形态的微生物，有着某些共同的基本特征：一是个体微小，小的如脊髓灰质炎病毒仅 20 ~ 30 nm，大的牛痘苗病毒也不过 200 ~ 300 nm，中型的病毒如流感病毒一般为 100 nm；二是只具有单一类型的核酸，要么是 DNA，要么是 RNA；三是只能寄宿在其他的活细胞内复制增殖。病毒的形状主要有球形、丝状形、子弹头形、菠萝形和蝌蚪形。

典型的禽流感病毒颗粒为球形，直径 80 ~ 120 nm，有时也呈丝状体等多种形态。它的基因组中只有 RNA，有 8 个独立的 RNA 片段，没有 DNA。

构成禽流感病毒的蛋白主要有两种，一种叫血凝素（HA），另一种叫神经氨酸酶（NA）。这两种糖蛋白容易发生变异，根据糖蛋白变异的情况，HA 分为 H1 ~ H16 共 16 个不同的型别，NA 分为 N1 ~ N10 共 10 个不同的型别。科学家主要根据构成病毒的蛋白情况来命名不同的禽流感病毒，不同的禽流感病毒导致程度不同的感冒。

近年来，国内外把由 H5N1 亚型病毒引起的禽流感确认为高致病性禽流

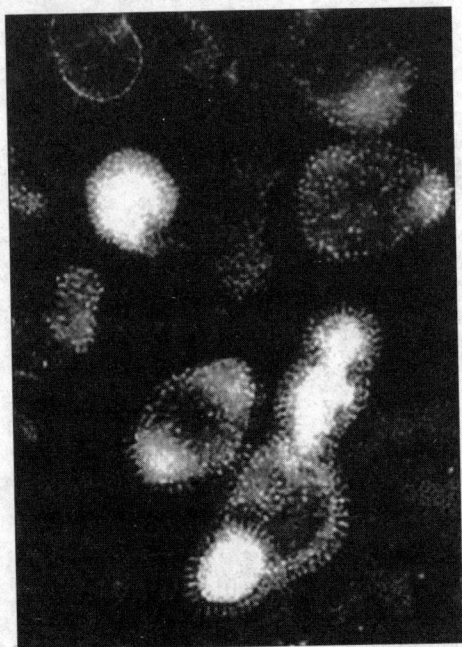

电子显微镜下的禽流感病毒放大图像

感。H5N1 病毒与人类流感病毒的 4 500 个氨基酸只有 19 个不同，一旦差异性降到 10 个氨基酸，禽流感就会突变。虽然 H5N1 型病毒仅能通过禽类传染给人体，但是它很容易变异。令科学家们特别担忧的是，如果它与人类的流行性感冒病毒相遇后发生基因重组，变异为人与人之间可以传染的禽流感病毒，后果就不堪设想了。

目前各国科学家都在加紧研制禽流感疫苗和禽流感诊断技术。不过，个人自身的努力也许是预防禽流感的最佳方法，那就是保持必要的卫生，与易于携带禽流感病毒的水禽、候鸟保持必要的距离，接种流感疫苗。

DNA 分子的大小

核酸与蛋白质一样，是一切生物机体不可缺少的组成部分。核酸是生命遗传信息的携带者和传递者，它不仅对于生命的延续、生物物种遗传特性的保持、生长发育和细胞分化等起着重要的作用，而且与生物变异，如肿瘤、遗传病、代谢病等也密切相关。因此，核酸是现代生物化学、分子生物学和医学的重要基础之一。核酸分为两大类：脱氧核糖核酸（DNA）和核糖核酸。脱氧核糖核酸分子含有生物物种的所有遗传信息，分子量一般都很大，它为双链分子，其中大多数是链状结构大分子，也有少部分呈环状结构。我们已经知道 DNA 是遗传物质，通过它能够使上一代的性状在下一代表现出来。那么，DNA 为什么能够起遗传作用呢？这与它的结构和功能特点有着密切的关系。

20 世纪 40 年代至 50 年代，科学家已经知道 DNA 分子是由 4 种脱氧核苷酸组成的一种高分子化合物。但是，对于只由 4 种脱氧核苷酸组成的 DNA 分子为什么能够成为遗传物质，他们仍然感到困惑不解。为此，许多科学家都投入到对 DNA 分子结构的研究中。1953 年，美国科学家沃森和英国科学家克里克，共同提出了 DNA 分子的双螺旋结构模型。

DNA 分子的基本单位是脱氧核苷酸。由于组成脱氧核苷酸的碱基只有 4 种：腺嘌呤（A）、鸟嘌呤（G）、胞嘧啶（C）和胸腺嘧啶（T），因此，脱氧核苷酸也有四种，即腺嘌呤脱氧核苷酸、鸟嘌呤脱氧核苷酸、胞嘧啶脱氧核苷酸和胸腺嘧啶脱氧核苷酸。DNA 分子就是由很多个脱氧核苷酸聚合而成的长链，简称多核苷酸链。

沃森和克里克认为，DNA 分子的立体结构是规则的双螺旋。这种结构的主要特点是：DNA 分子是由两条链组成的，这两条链按反向平行方式盘旋成双螺旋结构；DNA 分子中的脱氧核糖和磷酸交替连结，排列在外侧，构成基本骨架；碱基排列在内侧；DNA 分子两条链上的碱基通过氢键连结成碱基对，并且碱基配对有一定的规律：A（腺嘌呤）一定与 T（胸腺嘧啶）配对；G（鸟嘌呤）一定与 C（胞嘧啶）配对。碱基之间的这种一一对应关系，叫做碱基互补配对原则。在 DNA 分子的结构中，碱基之间的氢键具有固定的数目，即 A 与 T 之间以 2 个化学键相连（A＝T），G 与 C 之间以 3 个化学键相连（G≡C）。由于嘌呤分子（A、G）大于嘧啶分子（C、T），因此，要保持 DNA 两条长链之间的距离不变，必定是一个嘌呤与一个嘧啶配对。根据碱基分子所占空间的大小，只有 A 与 T 配对，G 与 C 配对，碱基对的长度才能大致相同。DNA 分子的大小仅有 10 nm。根据 DNA 分子的上述特点，沃森和克里克制作出了 DNA 分子的双螺旋结构模型，并因此与威尔金斯共同获得 1962 年的诺贝尔生理学奖。

1962 年获得诺贝尔生理医学奖的三位科学家克里克、沃森和威尔金斯

细胞膜的厚度

原始生命向细胞进化所获得的重要形态特征之一，是生命物质外面出现了一层膜性结构，即细胞膜。细胞膜是细胞表面的一层薄膜，有时也被称为细胞外膜或原生质膜，位于细胞表面；厚度通常为 7 nm，由脂类和蛋白质组成，主要结构成分一般是蛋白质占 60% ~ 80%，类脂占 20% ~ 40%，碳水化合物约占 5%。

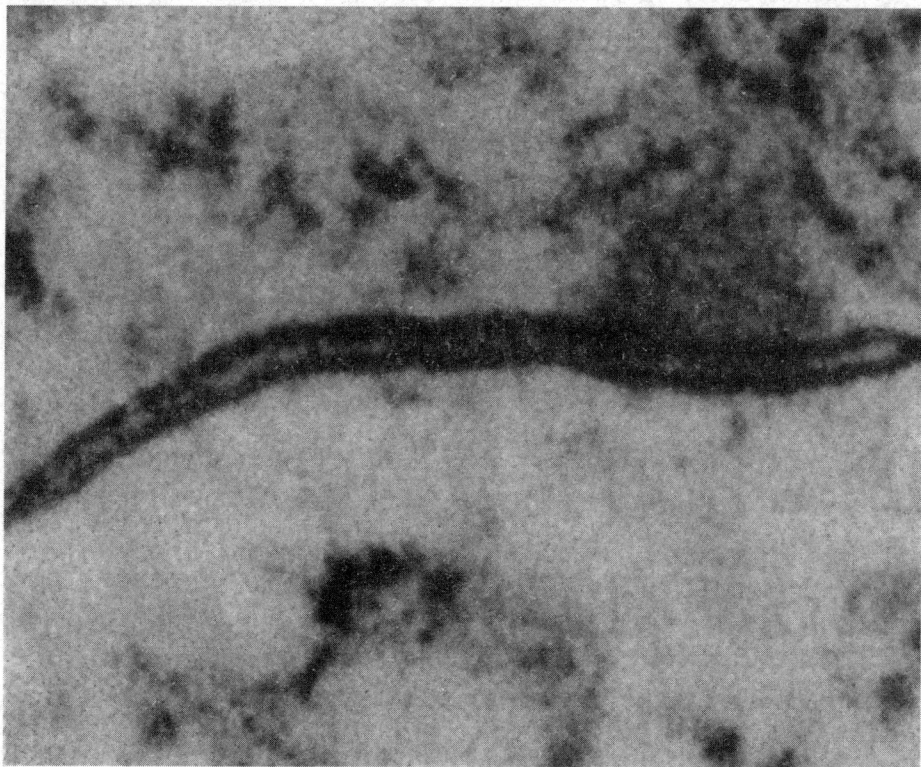

电子显微镜下的细胞膜放大图像

细胞膜把细胞包裹起来，使细胞能够保持相对的稳定性，维持正常的生命活动。此外，细胞所必需的养分的吸收和代谢产物的排出，都要通过细胞膜。所以，细胞膜的这种选择性地让某些分子进入或排出细胞的特性，叫做选择性渗透，是细胞膜的一种最基本功能。如果细胞膜丧失了这种功能，细胞就会死亡。

细胞膜除了通过选择性渗透来调节和控制细胞内、外的物质交换外，还能以"胞饮"和"胞吐"的方式，帮助细胞从外界环境中摄取液体小滴和捕获食物颗粒，供应细胞生命活动中对营养物质的需求。细胞膜也能接收外界信号的刺激使细胞做出反应，从而调节细胞的生命活动。细胞膜不单是细胞的物理屏障，也是在细胞生命活动中有着复杂功能的重要结构。

总的来说，细胞膜的功能是：分隔形成细胞和细胞器，为细胞的生命活动提供相对稳定的内环境；起屏障作用，膜两侧的水溶性物质不能自由通过；选择性地运输物质，伴随着能量的传递；生物功能有激素作用、酶促反应、细胞识别、电子传递等。

瑞典皇家科学院将 2003 年的诺贝尔化学奖授予美国科学家彼得·阿格雷和罗德里克·麦金农，分别表彰他们发现细胞膜水通道，以及对离子通道结构和机理研究做出的开创性贡献。

X 射线的波长

我们患病时需要到医院检查身体，医生根据情况可能会让我们去做胸透。胸透的全称是 X 光胸部透视，检查时大家依次走到一个有玻璃窗口的机器前，让自己的胸部对准窗口，医生启动机器后在相连的电脑屏幕上就可以看到我们体内的人体组织的黑白影像，了解心、肺、肝、胃等是否出现异常。如果骨折了，医生还会给我们拍摄一张损伤部位的 X 光照片，透过肌肉，直接看到骨折的情况是否严重。

X 光为什么这么神奇呢？这还得从它的来历讲起。

19 世纪末，科学家们已经知道，在抽成真空的玻璃管内放置两根电极，通电后在阴极一端会发出"阴极射线"。将阴极射线引到管外，可以使几厘米远处涂有荧光物质的玻璃板发出绿色的荧光。

这一有趣的现象吸引了德国维尔茨堡大学的物理学家伦琴。1895 年底，伦琴也进行了类似的实验，他发现这种射线不仅能够使荧光板出现闪光，而且将他当时随手放在阴极射线管附近的密封的照相底片曝光，这说明管内发出的是某种能够穿透底片封套的射线。

伦琴让自己的夫人将手放在阴极射线管前，结果拍下了清晰的手骨照片，这说明这种肉眼看不见的射线具有极强的穿透力。它能穿透人体甚至薄金属片等许多可见光穿不透的物体，只有铅板才能遮挡住这种射线。另外，这种射线在电磁场中不发生偏转，这说明它是一种不带电的粒子流。显然这不是普通的阴极射线，伦琴为它取了个名字，叫做 X 射线，也称 X 光。

后来，法国物理学家贝克勒尔通过实验证明，X 射线是一种波长很短的电磁辐射，波长范围在 $2 \times 10^{-9} \sim 6 \times 10^{-8}$ m 之间。当真空中高速运动的电子撞上金属时就会发出 X 射线，波长越短的 X 射线能量越大。

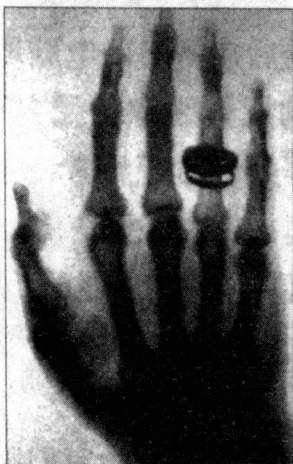

历史上第一张 X 光照片。1895 年，伦琴夫人的手影 X 光照片，无名指上的戒指也清晰可见

伦琴的发现立刻引起了轰动。由于 X 射线能够透视和显示人体组织，它很快被医生们广泛利用，成为诊断伤病的一种新手段。随后，X 射线又被科学家们用于物理等领域的研究，例如将 X 光射向晶体，根据衍射图案来了解晶体的结构等，由此诞生了一系列新发现和新理论。伦琴为此获得了 1901 年首次颁发的诺贝尔物理学奖。

不过，X 射线对人体健康有一定的危害，特别是对人体血液成分中的白细胞具有一定的杀伤力，进而导致机体免疫功能下降，使病菌容易侵入机体而发生疾病。因此不要过多地做 X 光检查。

金原子的半径

设想你乘坐"时光机器"回到古代,当时的人们并不懂得多少科学道理。你该如何向他们解释世界万物都是由原子构成的?为什么我们看不见原子?

其实用不着你来解释,因为最早提出"原子"这一思想的正是古时的人们。事实上,许多近现代科学思想能在古人那里找到源头。因为古代人也和我们现代人一样,对世界充满好奇,他们也在观察与思考,尽力将世间复杂的万事万物归纳整理为相对比较简单的成分和基本规律。这种求知与探索精神正是千百年来科学技术传承与发展的动力。

早在公元前1 000多年前,古希腊哲学家便推想,尽管世界万物在表面上有明显的差别,但它们可能都是由共同的基本元素,即水、土、空气和火组成的。公元前5世纪,留基伯和德谟克利特提出了"原子论"的学说,认为一切物质在本质上都是由同样的原子组成的,它们永恒存在,在无限的空间中向四处运动,互相冲击,同类的原子结合在一起组成元素,形成各种物质。由于"原子"在大小、形状、位置和运动方面不同而产生了物质不同的特性,例如在石头和铁中,原子只能颤动,而在空气或火中,它们就能在较大范围内跳动。

尽管"原子论"后来受到了柏拉图和亚里士多德的批判,但其思想仍然被近代科学家所继承,如布鲁诺、伽桑狄、波义耳和牛顿等都在自己的研究中借用过"原子论"的某些观点。

19世纪初,英国科学家道尔顿结合当时新的实验发现,并借鉴古希腊人在物质解析方面的某些观点,提出了全新的原子论,认为每种元素都拥有各自的原子,元素的性质是由它们的原子决定的,原子之间最明显的差异就是它们的重量不同,它们的相对重量称为原子量。

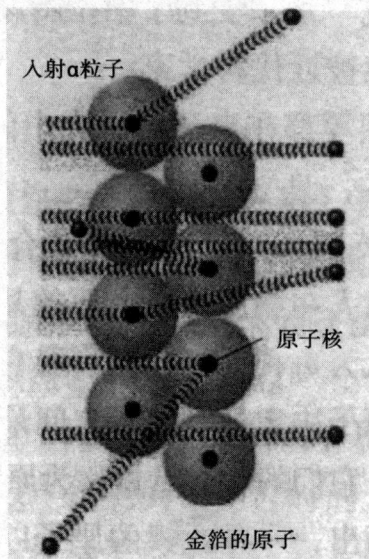

入射α粒子

原子核

金箔的原子

α粒子轰击金箔产生散射示意图

新原子论还指出，不同元素的原子以简单整数比相结合，这导致了后来原子价（再后来称化合价）概念的提出，并使元素的原子量与性质之间存在的联系逐渐显露出来。1869年，俄罗斯科学家门捷列夫发表了元素周期表，将原子价相同的元素排在同一族里，指出元素的物理和化学性质随着原子量的递增而呈现周期性变化，这表明它们之间存在某种内在联系和规律，对扩大原子论的影响起到了重要的作用。

但在很长一段时间内，人们对原子是否真的存在仍充满疑问，因为这只是一种理论推测，没有人能看见它。直到1911年，英国科学家卢瑟福通过α粒子轰击金箔的散射实验，才首次证实了原子的存在，并根据实验结果推算出金原子的半径约为1.6×10^{-10}m。

现在你知道为什么看不见原子了吧？因为它们实在太小了，差不多1万个原子垒在一起才和一张普通纸的薄厚差不多，人们只有借助电子显微镜才能看清它们。

γ 射线的最小波长

　　癌症是疾病中最可怕的一种，令人谈之色变。大部分癌症是由肿瘤病变导致的，它飞快地繁殖，消耗机体正常细胞的养分，用一般的药物很难治愈，而病人往往又由于体弱无法进行常规的开刀切除手术。最近，一些大型医院推出了"伽马刀"疗法。很多人感到非常疑惑，这是一种什么刀呢？

　　其实，"伽马刀"并不是真的手术刀，而是利用 γ 射线（也称伽马射线）对细胞的杀伤作用，对病人进行放射性治疗，起到清除病变部位的作用，其效果不亚于真正的开刀切除手术。

　　γ 射线究竟是什么呢？这得要从放射性讲起。

　　1896 年，就在伦琴发现 X 射线后不久，法国物理学家贝克勒尔偶然把铀盐和密封遮光的照相底片放在一起，几天后他发现底片竟然感光了。贝克勒尔感到很奇怪，进行实验研究后发现，原来是铀元素自发地放射出一种天然射线，不仅能使照相底片感光，还能使气体发生电离。

　　后来，法国科学家居里夫妇对这种"铀射线"进行了更详细的研究，首次提出放射性这一概念，并发现了更多的天然放射性元素。1903 年，贝克勒尔与居里夫妇共同荣获了诺贝尔物理学奖。

　　同一时期，英国科学家卢瑟福也在研究"铀射线"。他把铀装在铅罐里，让铀的射线从罐壁上的小孔里射出来，然后经过一个强磁场。结果射线分为两束，一束略有弯曲，且极易被其他物质吸收，卢瑟福称它为 α 射线；另一束弯曲得很厉害，有较强的穿透能力，他称之为 β 射线；第 3 束不被磁场弯曲，且具有更强的穿透本领称为 γ 射线。

　　经过细致的研究，卢瑟福发现 α 射线实际上是氦离子束流，虽然穿透能力很小，但由于有较强的动量，科学家们将它作为"炮弹"，成不研究原子内部结构的有力工具，并最终发现了原子核。

β射线则是高速运动的电子流，其速度接近光速，穿透能力较强，能穿透人体皮肤和几毫米厚的铝片。

γ射线是一种波长比X射线还要短的电磁辐射，其波长一般小于10^{-12}m。原子核衰变和核反应均可产生γ射线，它的穿透能力很强，甚至超过了X射线，只有很厚的铅板才能挡住它。

人体受到γ射线照射时，γ射线会使人体内的细胞发生电离作用，伤害有机分子如蛋白质、核酸和酶等，导致人体内的正常化学过程受到干扰，严重的可以使活细胞组织死亡。这就是"伽马刀"的医疗原理。虽然它能够治疗癌症和肿瘤，但对人体的正常细胞也有极强的杀伤力，所以要慎用。

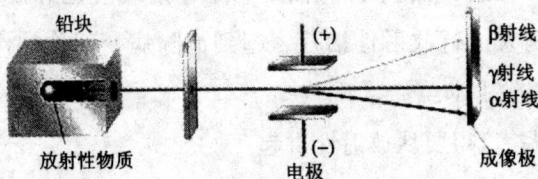

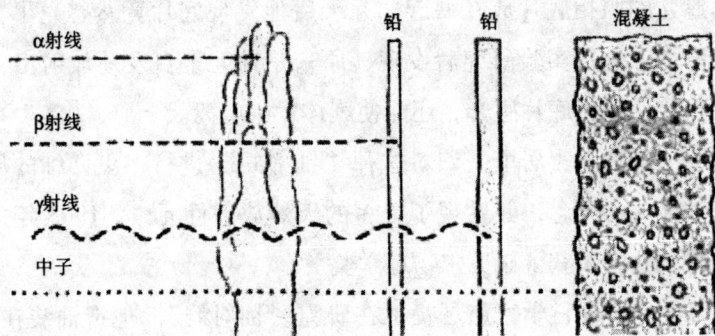

各种放射线的穿透能力

金原子核的半径

原子结构的发现是人类探索微观世界过程中的一项重要成就。

1897年，英国卡文迪什实验室主任汤姆逊在研究阴极射线时发现，在所有元素的原子内部都存在一种质量更小的带电微粒，这种微粒是构成一切化学元素的物质。后来人们将这种微粒称为电子。

科学家本来是想寻找原子，结果却先发现了电子。那么，电子是如何待在原子里的呢？除电子外原子中还有什么？原子中究竟什么东西带正电荷？原子的结构究竟是什么样的？

旧的问题还没有解决，一大堆新问题又摆在人们面前。为此，物理学家发挥了自己丰富的想象力，提出了行星结构模型、实心带电球模型、葡萄干蛋糕模型、土星模型、磁原子模型等十多种不同的原子模型。

例如，汤姆逊认为，原子是一个均匀的带正电荷的球体，里面飘浮着许多电子。电子所带的电荷正好和球体所带的正电荷相等，所以整个原子是中性的。如果失掉了几个电子，这个原子的正电荷就过多了，成为阳离子；如果多了几个电子，整个原子的阴电荷就过多了，成为阴离子。后人将汤姆逊的原子模型比作"葡萄干蛋糕"，意为原子中的电子好像蛋糕里的葡萄干。

英国科学家卢瑟福是汤姆逊的学生，他根据自己利用 α 粒子轰击金箔的实验结果，提出原子内部存在一个很小的、带有正电荷的核，由于核与整个原子相比非常小，所以大部分 α 粒子穿过原子中的空档，不受核的正电荷斥力的影响，只有极少数接近核的 α 粒子受到斥力作用而偏转，极个别的 α 粒子差不多正对着核撞去，在斥力的作用下被反弹了回来。

他通过理论计算证明，金原子核的直径大约只有 6×10^{-14} m。原子核的体积虽然很小，但整个原子的质量几乎全部集中在它上面。原子的质量越大，原子核带的正电荷就越多，外围的电子数目也就越多。后人将卢瑟福的原子模型称为"太阳系模型"，意为如同行星依靠引力围绕太阳运行一样，原子核外面的电子依靠异性电荷的吸引力，围绕着带正电荷的原子核快速地旋转。

不过，也有一些科学家对此提出了批评意见，认为电子在做绕核运动的时候会因释放电磁波而消耗能量。因此，绕着原子核旋转的电子由于能量逐渐减小，最后就会掉到原子核上。后来，丹麦科学家玻尔对卢瑟福的原子模型作了改进。他利用当时新发展起来的量子论，指出电子在原子核外面只能按着一定的轨道运动，此时是不会释放出能量的；只有受到外界能量的激发，发生轨道变迁时才会释放出电磁波。他还提出了原子核外电子排列的规律，这就是有名的玻尔模型。新的原子模型由于论据充分，令人信服，很快就被科学界广泛接受了。

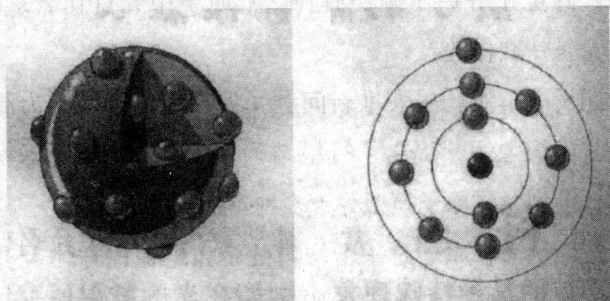

汤姆和玻尔的原子结构模型

质子的康普顿波长

科学史上，常用科学家的名字来命名他发现的某种特殊现象，例如在光的散射研究中，就有著名的康普顿效应和拉曼效应。

1923 年，美国物理学家康普顿（A. H. Compton）在观察 X 射线被较轻物质散射时，发现在散射光谱中除了波长和原有射线相同的成分外，还包括一些波长较长的部分，两者的波长差值的大小与散射角有关，它们的强度遵从一定的规律。这种现象叫做康普顿效应。

早期的电磁波经典理论认为，单色电磁波作用于比波长尺寸小的带电粒子上时，引起受迫振动，向各方向辐射同频率的电磁波。但是，康普顿效应中波长发生了变化，经典理论对此不能做出合理解释，但是借助于爱因斯坦提出的光电子理论能得到科学的解释。

康普顿效应是高能的光子和低能的自由电子作弹性碰撞的结果。光子不仅具有能量，而且具有动量。在碰撞过程中，光子把一部分能量传递给电子，减少了它的能量，因而也就降低了它的频率。根据碰撞粒子的能量和动量守恒，可以导出频率改变和散射角的依赖关系，从而可以定量描述康普顿效应。

康普顿效应也证实了光除了具有早已熟知的波动性以外，还具有粒子的性质，也就是光是由互相分离的若干粒子所组成的，这种粒子也能表现出一般物质粒子的特性。

康普顿波长的含义是，入射角为 90° 时，入射波与散射波的波长差；它也可以理解为，入射光子的能量与粒子的静止能量相等时所相应的光子的波长。康普顿波长与粒子的静止质量成反比，质量越大，康普顿波长越小。例如，电子的康普顿波长为 $2.426\ 31 \times 10^{-12}$ m，质子的康普顿波长为 $1.321\ 41 \times 10^{-15}$ m，中子的康普顿波长为 1.31959×10^{-15} m。

康普顿在做散射实验

由于对康普顿效应的一系列实验及其理论解释，康普顿和英国的威尔逊分享了1927年的诺贝尔物理学奖。

受到康普顿效应的启发，印度科学家发现了拉曼效应，即光的频率在散射后会发生变化，频率的变化大小取决于散射物质的特性。拉曼效应是入射光子和分子相碰撞时，分子的振动能量或转动能量和光子能量叠加的结果。拉曼也因此获得了1930年的诺贝尔物理学奖，成为亚洲获奖第一人。

LIGO 引力波观测仪的理论测量精度

探测引力波是当代科学中最具有挑战性的一项难题。

目前世界上已建成的最大的引力波观测仪是美国的 LICO（"激光干涉引力波观测仪"的英文缩写），共有两座，分别位于路易斯安那州的利文斯敦和华盛顿州的汉福德，两地相隔 3 000 多千米。之所以在不同的地点建造两套探测设备，是为了对可能的发现做双重检验，排除偶然的误差。

LIGO 建成于 2001 年 7 月，花费了 2.92 亿美元，共有来自 7 个国家的 400 多位科学家参加了该项目。观测仪的主体结构是两条呈 L 形交叉的笔直的混凝土隧道，各 4 km 长，隧道内有一根密封钢管，管内抽成高度真空，一束红外激光就在这一真空中飞驰。按照设计要求，该观测仪能够测量出激光光路上大约 10^{-19} m 的微小位移，这相当于测量出一个氢原子大小的亿分之一。

该设施安装了众多的传声器和磁强计，以及监测温度和压力及风速的各种传感器，可以同时记录来自大约 5 000 个传感器通道的数据流。地球上发生的每一次地震、头顶上飞过的飞机的噪声，甚至实验室中计算机风扇的旋转，都会使地面发生晃动，对测量产生干扰。为了排除各种干扰，所有仪器设备都用极细的钢丝悬挂起来，安置在厚达 1 m 的钢筋混凝土板上，下面还安装有特制的 4 层"悬浮装置"，有效地吸收任何来自地基的震动干扰，可以使地震、刮风，以及汽车、火车产生的干扰减小至一亿分之一，而且一些仪器还采用了主动式减振装置，例如用电脑控制微型磁铁的推动作用来补偿由于地面震动对仪器的影响，使观测仪内部的寂静程度超过在太空运行的宇宙飞船。

科学家在观测时发现，地球表面每时每刻都在以 100 Hz 的频率不停地上下抖动，其振幅约为 10^{-11} m；每隔 12 个小时，由月球引发的潮汐不仅能使海面涨落，也会使地壳发生变形。

　　尽管经过数年的运行，在引力波观测方面没有什么进展，研究人员仍然充满了信心。他们目前正在更新设备，添置更强大的激光器，并改进防震装置，提高观测仪的灵敏度。

　　如果有人对挑战引力波探测这一世界性难题有兴趣，可以将自己的个人电脑与研究引力波的科学家们联网。你只需到 einstein @ Home 的网站（http：//einstein. phys. uwm. edu）下载一个屏幕保护程序，当你晚上不用计算机的时候，只要联网后保持开机状态，屏幕保护程序就会自动运行，从科学家们那里下载一小段数据进行分析处理，然后将结果送回给科学家们。这样，你就等于在和科学家们一道共同寻找引力波。也许，未来找到引力波的功劳中就有你的一份。

世界上最大的引力波观测仪 LIGO

二、现代测量基础

自动测量技术的发展和应用

一、自动测量技术的发展

各个自然科学领域的产生与发展离不开测量技术，"科学，只有当人类懂得测量时才开始"，测量是人类认识自然的主要武器。自动测量技术是随着现代科学技术的发展而迅速发展起来的一门学科。自动测量技术早在20世纪20年代已经应用在工程试验和生产过程的自动控制中。1946年电子计算机诞生，并很快渗透到工业领域中。20世纪50年代初期出现了第一批机电一体化的产品，它将加工、测量以及计算机技术结合在一起，大大提高了加工精度和生产效率。

随着物理学、化学、材料学，特别是半导体材料学、微电子学、计算机及信息化、通信技术等方面新成果的产生，使新型的自动测量系统正在向器件集成化、信息数字化和控制智能化方向发展，新型或具有特殊功能的传感器不断涌现出来，已广泛地应用在能源与动力工程、机械工程、电子通讯、国防工业、交通运输以及航空航天等一切科学技术领域。自动测量技术的发展主要表现在以下几个方面。

1. 不断提高自动测量系统的测量精确度、扩大测量范围、延长使用寿命、提高可靠性

在科学技术不断发展的同时，对自动测量系统测量精确度的要求也相应提高。近年来，人们研制出许多高精确度的自动测量仪器以满足各种需要。测量范围也不断扩大，如压力可从几十个帕的微压力到几千兆帕高压的压力传感器，能够测出极微弱磁场的磁敏传感器。从20世纪60年代开始，人们对传感器的可靠性和故障率的数学模型进行了大量的研究，使得自动测量系统的可靠性及寿命大幅度的提高，现在许多自动测量系统，如航天测量船使

用的各类测量系统，可以在极其恶劣的环境下连续工作。目前人们正在不断努力，进一步提高自动测量系统的各项性能指标。

2. 应用新技术和新的物理效应，扩大自动测量的领域

自动测量原理大多以各种物理效应为基础，人们根据新原理、新材料和新工艺研究所取得的成果，将研制出更多品质优良的新型传感器。近代物理学的研究成果，如激光、红外、超声、微波、光纤、放射性同位素等的应用，都为自动测量技术的发展提供了更多的途径。研制出的传感器有光纤传感器、液晶传感器、以高分子有机材料为敏感元件的压敏传感器、微生物传感器等。激光测距、红外测温、超声波无损探伤、放射性测厚等非接触测量技术也得到迅速发展。另外，代替视觉、嗅觉、味觉和听觉的各种仿生传感器和检测超高温、超高压、超低温和超高真空等极端参数的新型传感器，将是今后传感器技术研究和发展的重要方向。

3. 发展集成化、功能化的传感器

随着超大规模集成电路技术的发展，硅电子元件的集成化有可能大量地向传感器领域渗透。人们将传感器与信号处理电路制作在同一块硅片上，得到体积小、性能好、功能强的集成传感器，使传感器本身具有检测、放大、判断和一定的信号处理功能，例如，已研制出高精确度的 PN 结的测温集成电路。又如，人们已能将排成阵列的成千上万个光敏元件及扫描放大电路制作在一块芯片上，制成 CCD 摄像机。今后，还将在光、磁、温度、压力等领域开发新型的集成化、功能化的传感器。

4. 采用计算机技术，使自动测量技术智能化

从 20 世纪 60 年代微处理器问世后，人们已逐渐将计算机信息处理与通信技术，构成监测与远程诊断网络，使自动测量仪器智能化，从而扩展了功能，提高了精确度和可靠性。计算机技术在自动测量技术中的应用，还突出地表现在整个自动测量工作可在计算机控制下，自动按照给定的测量实验程序进行，并直接给出测量结果，构成自动测量系统。其他诸如波形存储、数据采集、非线性校正和系统误差的消除、数字滤波、参数估计、软测量、多传感器信息融合、模式识别等方面，也都是计算机技术在自动测量领域中应

用的重要成果。目前，新研制的自动测量系统大都带有微处理器。

二、自动测量在生产过程中的应用

测量是人类认识和改造客观世界的一种必不可少的手段。无论是在科学实验中，还是在生产过程中，一旦离开了测量，必然会给工作带来巨大的盲目性。在人类的各项生产活动和科学实验中，为了了解和掌握整个过程的进展以及最后结果，经常需要对各种基本参数或物理量进行检查和测量，从而获得必要的信息，作为分析判断和决策的依据。检测技术就是利用各种物理效应，选择合适的方法与装置，将生产、科研、生活中的有关信息，通过检查与测量进行定性的了解和定量的掌握所采取的一系列技术措施。只有通过可靠准确的测量，才能判断科学实验和生产过程的正确性，才有可能进一步解决自然科学和工程技术上的问题。

自然科学的产生与发展离不开测量，现代科学技术的发展更离不开测量技术，特别是科学技术迅猛发展的今天，在电力工程、机械工程、电子通信、交通运输、军事技术等许多领域都离不开测量技术。

在我国社会主义经济建设中机械工业占有相当重要的地位，它既要以各种技术来装备各个工业领域，同时又要提供大量日用机电产品来满足人们日益增长的物质需求。经过 50 多年的努力和发展，我国不但可以生产具有尖端技术的航天、航空和航海设备，而且还可以生产各类高精确度的仪器仪表和机床等。

在火力发电厂中，为了保证机组安全、经济地运行，必须对表征热工过程状况的各种参数进行连续的检测和显示，随时向运行人员提供主、辅设备及热力系统的运行情况，以便监视生产，并将测量结果作为对生产过程控制和调节的依据。因此，热工测量是热工过程自动化的重要环节，而测量仪表常被喻为运行人员的耳目。另外，热工测量还为企业经济核算提供准确的数据。在发生事故时，异常参数的显示和记录，是事故分析和故障诊断的依据，据此可提出改进和防范措施。在机械制造行业中，通过对机床的许多静态、动态参数，如对工件的加工精度、切削速度、床身振动等进行在线测量，从而控制加工质量。在化工、电力等行业中，如果不随时对生产工艺过程中的温度、压力和流量等参数进行自动测量，生产过程就无法控制甚至发生危险。在交通领域，一辆现代化汽车装备的传感器就有十几种，分别用于测量车速、方位、转矩、振动、油压、油量、温度等。在国防科研中，测量技术用得更多，许多尖端的测量技术都是因国防工业需要而发展起来的。例如，研究飞机的强度，就要在机身和机翼上贴上几百片应变片并进行动态测量。在导弹、卫星、飞船的研制中，测量技术就更为重要，例如阿波罗宇宙飞船用了 1218 个传感器，运载火箭部分用了 2077 个传感器，对加速度、温度、压力、应变、振幅、流量、声学等进行测量。测量技术也已广泛地进入人们的日常生活中，例如：空气调节、控制房间的温度和湿度等。

总之，测量技术已广泛地应用于科学研究、国内外贸易、国防建设、交通运输、工农业生产、医疗卫生、环境保护和人民日常生活中的各个方面，起着越来越重要的作用，成为国民经济发展和社会进步的一项必不可少的重要基础技术。因而，使用先进的测量技术也就成为经济高度发展和科技现代化的重要标志之一。

从另一方面看，现代化生产和科学技术的发展也不断地对测量技术提出更新的要求和课题，已成为促进测量技术向前发展的强大动力，同时科学技术的新发现和新成果也不断应用于测量技术中，有力地促进了测量技术自身的现代化。测量技术与现代化生产和科学技术的密切关系，使它成为一门十分活跃的技术学科，几乎渗透到人类的一切活动领域，发挥着愈来愈大的作用。

自动测量系统的基本组成

自动测量系统或完整的测量装置通常是由传感元件、变换元件和显示元件组成，分别完成信息获取、变换、处理和显示等功能。图 1 给出了测量系统的组成框图。

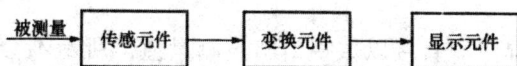

图 1　测量系统的组成

1. 传感元件

传感元件是测量系统的信号拾取部分，作用是感受被测量并将其转换成可用的规范信号输出，通常这种输出是电信号。如将温度、压力、流量、机械位移量转换成电阻、电容、电感或电势等。对传感元件的要求是：

（1）输出信号必须随被测参数的变化而变化，即要求传感元件的输出信号与输入的被测信号之间有稳定的单值函数关系，最好是线性关系。

（2）非被测量对传感元件输出的影响应小得可以忽略，否则将造成测量误差。在这种情况下。一般要附加补偿装置进行补偿或修正。

（3）传感元件应尽量少地消耗被测对象的能量，并且不干扰被测对象的状态。

2. 变换元件

变换元件是传感元件与显示元件之间的部分。它将传感元件输出的信号变成显示元件易于接受的信号。变换元件有下列功能：

（1）变换信号的数值，如放大传感元件输出的信号，以满足远距离传输处理信号以及驱动指示、记录装置的需要，如差压流量计中的开方器把传感元件输出的信号线性化。

（2）传感元件输出的物理量不适合显示元件的要求时，要通过变换元件把信号进行转换，如差压信号变换成电信号等。变换元件的性能应稳定。

3. 显示元件

显示元件在热工测量中常叫二次仪表，显示元件是人和仪表联系的主要环节，它的作用是向观测者显示被测参数的量值。因此，要求它的结构能使观测者便于读出数据。显示方式有模拟式、数字式和屏幕画面三种。

（1）模拟式显示。最常见的显示方式是仪表指针在标尺上定位，可连续指示被测参数的数值。读数的最低位由读数者估计。模拟显示设备结构简单，价格低廉，是一种常见的显示方式。模拟式显示有时伴有记录，即以曲线形式给出测量数据。

（2）数字式显示。直接以数字给出被测量值，所示不会有视差，但有量化误差。量化误差的大小取决于模/数转换器的位数，记录时可打印出数据。此种显示的形象性较差。

（3）屏幕画面显示。它是计算机技术和电视技术在测量显示上的应用，是目前最先进的显示方式。它既能按模拟式显示给出曲线，也能给出数值，或者同时按两种分式显示。它还可以给出数据表格、曲线和工艺流程图及工艺流程各处的工质参数。对于屏幕画面显示方式，生产操作人员观察十分方便，他们可以根据机组运行状态的需要任意选择监视内容，从而提高了监控水平。这类显示器可配合打印或内存、外存作记录，还可以增加在事故发生时跟踪事故过程的记录，称为事故追忆。屏幕画面显示具有形象性和易于读数的优点，但显示元件设备的投资和技术要求都比较高。

按照显示元件的功能不同，显示仪表可分为以下几类：

（1）指示被测参数的瞬时值的仪表，叫指示仪表（显示仪表）。

（2）记录被测参数随时间变化的仪表，叫记录仪表。

（3）显示被测参数对时间积分结果的仪表，叫积算仪表。

（4）反映被测参数是否超过允许限值的仪表，叫信号仪表。

（5）同一显示仪表具有多功能显示，如既能指示，又能记录和发信号并具有轮流显示、记录、报警等功能，这就是巡回检测仪表。

测量的基本方法

测量方法是基于测量原理所采用的手段。测量方法主要有六种分类。

1. 电测法和非电测法

两者的差别在于检测回路中是否含有测量信息的电信号转换。在现代测量中都是采用电测方法来测量非电量。广泛采用非电量电测法的原因是电测法可以获得很高的灵敏度和精确度，可实现远距离传输，便于实现测量过程的自动化、数字化和智能化。

2. 静态测量和动态测量

这两种测量方法是根据被测物理量的性质来划分的。静态测量是测量那些不随时间变化或变化很缓慢的物理量；动态测量是测量那些随时间而变化的物理量。静态与动态是相对的，可以把静态测量看作是动态测量的一种特殊形式。动态测量的误差分析比静态测量要复杂。

3. 直接测量和间接测量

直接测量是用预先标定好的测量仪表，对某一未知量直接进行测量，得到测量结果。例如用压力表测量压力；用万用表测量电压、电流、电阻等。直接测量的优点是简单而迅速，所以在工程上广泛应用。

间接测量是对几个与被测物理量有确切函数关系的物理量进行直接测量，然后把所得到的数据代入关系式中进行计算，从而求出被测物理量。间接测量方法比较复杂，一般在直接测量很不方便或无法进行时才采用间接测量。

4. 接触测量和非接触测量

接触测量是指测量时仪器的传感元件与工件表面或工质直接接触。

非接触测量是指测量时仪器的传感元件与工件表面或工质不直接接触。一般利用光、气、磁等中介物理量使传感元件与工件表面或工质产生联系。

5. 绝对测量和相对测量

绝对测量是指能直接从计量器具的读数装置读出被测量数值的测量，如用千分尺测量轴的直径等。

相对测量又称比较测量。先用标准器具调整计量器具的零位，测量时由仪器的读数装置读出被测量相对于标准器具的偏差，被测量的整个量值等于所示的偏差与标准量的代数和。

6. 在线测量和离线测量

在线测量又称主动测量，是在生产过程中进行的测量，它可直接测量生产过程中的参数或用来控制生产过程。离线测量又称被动测量，它是在非生产过程进行的测量。

测量系统的误差和质量指标

一、误差的表达形式

被测物理量所具有的客观存在的量值，称为真值。真值是在某一时刻和某一状态下，被测物理量的效应体现出的客观值或实际值，这是一个理想的概念，一般无法得到，实际测量中常用高精确度的测量值或平均值代表真值。所谓误差就是测量值和真值的差异。误差一般有两种表达形式。

1. 绝对误差

被测量的测量结果与真值之差称为绝对误差。

$$绝对误差 = 被测量的测量结果 - 真值 \qquad (1)$$

在被测量值大小相近时用绝对误差来说明测量误差是比较清楚的，但是当被测量值相差悬殊时，单纯用误差的绝对大小就很难确切地说明哪一个测量质量更高了。例如：测量100℃温度时的绝对误差为1℃，而测量1000℃温度时的绝对误差为5℃，当然绝对误差为1℃要比绝对误差为5℃小，但在两个被测量值相差悬殊的前提下是不宜用绝对误差比较的，而应是从被测量值大、容许的绝对误差大这一相对性出发，提出相对误差的概念。

2. 相对误差

相对误差有三种表达方式：

（1）实际相对误差

$$实际相对误差 = \frac{绝对误差}{真值} \times 100\% \qquad (2)$$

（2）示值相对误差

一般工程上所指的相对误差都以测量仪表的示值代替真值，这样计算所得到的相对误差实际上是示值相对误差。

$$示值相对误差 = \frac{测量示值的绝对误差}{测量示值} \times 100\% \qquad (3)$$

（3）引用相对误差

为了工程上计算简便、合理，并且便于划分仪表的精确度等级，提出了引用相对误差的概念。

$$引用相对误差 = \frac{绝对误差}{仪表量程} \times 100\% \qquad (4)$$

仪表量程是仪表同一测量档的刻度上限值和刻度下限值的差值。

二、误差的分类

按测量误差的性质来划分，可分为系统误差、随机误差和粗差。

1. 系统误差

定义：在相同条件下（指人员、仪表和环境等条件）多次测量同一被测量值过程中，误差值的大小和符号保持不变或者条件变化时按某一确定的规律变化的误差。

系统误差的大小表明测量结果偏离实际值的程度，可用"正确度"一词表征。

2. 随机误差

定义：在相同条件下，多次测量同一被测量值过程中，误差值的大小和符号总以不可准确预计的方式变化（时大时小，时正时负，没有确定规律），但具有抵偿性的误差。它是由于测量过程中某些尚未认知的原因或无法控制的因素所引起的，其大小、方向难以预测，无一定规律可循。所谓抵偿性，是指单次测量时误差无规律，即误差值有正负相消的机会，即单次测量不确定，但随着测量次数的增加，误差平均值趋于零。

随机误差的大小表明了测量结果的"精密度"，即重复测量同一量值时各个测量值之间相互接近的程度，或随机误差弥散的程度。测量的精密度越高，表明测量结果的重复性越好。

3. 粗差

粗差又称疏忽误差、粗大误差或过失误差。

定义：明显歪曲了测量结果的误差。通常是由于观察者对仪表不了解或思想不集中、疏忽大意导致错误的读数或不正确的观测所引起的，或测量条件的突然变化，或测量条件未达到预定的要求指标而匆忙测量等，都会带来粗差，如读错数、操作失误、记错数等，其误差值一般远大于正常条件下的误差值，无规律，出现次数极少。

含有粗差的测量值称为坏值或异常值。正确的测量结果不应包含粗差，实际测量中必须根据统计检验方法的某些准则去判断一组测量中哪个测量值是坏值，并在数据记录中将所有的坏值都予以剔除。

三、误差的判别与减少误差的方法

（一）系统误差

1. 系统误差判别

为了进行正确的测量，取得可靠的测量数据，在测量及测量过程中，必须尽量消除或减小系统误差，才能有效地提高测量精确度。但是形成系统误差的因素相当复杂或难以查明所有的系统误差，因此提出了如何发现系统误差的问题。下面介绍一些常用的发现恒值系统误差的判别方法。

（1）比较法。用多台同类或相近的仪表对同一被测量值进行测量，分析测量结果的差异来判断系统误差是否存在，以便提供一致性的数据。但该法只能说明一种仪表相对于另一种仪表有恒值系统误差，一般不能说明哪一种仪表存在误差。

（2）改变测量条件法。当系统误差与许多影响量有关并且在某一测量条件下为一确定不变的值，若改变测量条件为另一确定值时，这就是属于随测量条件而变化的系统误差。利用这一性质，即可通过改变测量条件得到几组测量数据，通过分析比较可以判断是否存在系统误差。为进一步确定这种系统误差的大小，可选用更高精确度的标准表与被测量表同时测量一个被测量，若标准仪表显示值为 x_0，被测量仪表显示值为 x，测量次数 n 个，则测量仪表的系统误差 Δ 为

$$\Delta = x - x_0 = \frac{1}{n}\left(\sum_{i=1}^{n} x_i - \sum_{i=1}^{n} x_{0i}\right) \tag{5}$$

（3）理论计算与分析法。对于因测量方法或测量原理引入的恒值系统误

差，可通过理论计算与分析的方法来发现并加以修正。

（4）残差分析法。把测量值的残差按测量值先后排列，若其大小和符号有规律地变化，就可直接由误差数据或误差曲线来判断有无系统误差。这种方法主要适用于发现有规律变化的系统误差。当偶然误差较系统误差显著时，就不能通过观察法发现系统误差，而只能借助于一些判据加以判别。

（5）马里科夫（Маликов）判据。按测量先后顺序将等精确度测量得到的一组测量值 $x_1, x_2, \cdots x_n$ 排列好，求出其相应的残差 $\nu_1, \nu_2, \cdots \nu_n$，并将这些残差分为前后两组求和（两组数目相等），然后求两组残差和的差值 M，即

$$M = \sum_{i=1}^{k} \nu_i - \sum_{i=k+1}^{n} \nu_i \tag{6}$$

式中，当 n 为偶数时，$k = n/2$；当 n 为奇数时，$k = (n+1)/2$。

若计算出 M 显著不为 0，即差值 M 与残差 ν_i 相当或更大，则说明测量中存在线性系统误差（又称累进性系统误差）。该判据对线性系统误差很容易判断。

（6）阿贝—赫梅特（Abbe－Helmert）判据。该判据适用于判别周期性误差。设一组等精确度测量值为 $x_1, x_2, \cdots x_n$，相应残差为 $\nu_1, \nu_2, \cdots \nu_n$，令 $A = \left| \sum_{i=1}^{n-1} \nu_i \nu_{i+1} \right|$，若

$$A > \sqrt{n-1} \sigma^2 \tag{7}$$

则认为测量中存在周期性系统误差。

2. 消除或减小系统误差的方法

（1）修正法。在测量前预先对测量装置进行标定或检定，求出误差，再取与误差值大小相等、符号相反的值作修正值。在测量过程中，将实际测量值加上修正值，即可得到不包含系统误差的测量结果。

（2）消除法。这是消除系统误差的根本方法，要求测量人员对测量过程中可能产生的系统误差的因素、环节做细致分析，并在测量前尽量将误差从产生根源上加以消除。例如，为了防止测量过程中仪表零点变动，在测量开始后或结束时都必须检查零点；在测量某物理参数时，从被测物体获取能量不应改变其工作状态；选取观测位置消除视差，在外界条件较稳定时读数；

使用仪表时，正确选择仪表型号和量程等。

（3）补偿法。例如用热电偶测量温度时，热电偶冷端温度变化会引起系统误差，消除方法之一是在测量回路中加一个冷端温度补偿器。

（4）采取适当的测量方法。在实际测量中，选择适当的测量方法，使系统误差可以抵消而不带入测量值中去。常用的方法有：

1）抵消法。将测量中的某些条件（如被测物的位置）相互交换，使产生系统误差的原因对测量结果起相反的作用，从而抵消误差。

2）置换法。在一定测量条件下，选择一个已知的适当大小的标准量去替换被测量，并通过调整标准量来保证仪表的示值不变，这时被测量的值就等于标准量的值。只要测量装置的灵敏度足够高，就可达到消除系统误差的目的。

3）零位法。用被测量与标准量直接进行比较，用指零仪指示仪表平衡状态，调整标准量使之与被测量相等，测量系统达到平衡，指零仪表指零。只要检测系统具有足够灵敏度，就能由标准量的示值得到被测量，电位差计测量热电势就是采用零位法。

4）微差法。用与被测量相近的固定不变的标准量与被测量相减，取得微小的差值，再对这微小的差值进行测量。此法由于差值远远小于标准量，故测量微差的误差对被测量影响极小，其测量误差主要由标准量的精确度决定。

（5）用对称测量法消除线性系统误差。对于随影响量（如时间、温度）作线性变化的系统误差，可在选择的中心测量点两侧分别进行两次对称测量。因两次测量的系统误差值大小相等、符号相反，取两次测量结果的算术平均值即可消除系统误差的影响。

（6）用半周期偶数测量法消除周期性系统误差。对于周期性系统误差（可表示为 $\Delta = a\sin\frac{2\pi t}{T}$，$t$ 为决定周期性误差的因素，如时间、角度等，T 为误差变化的周期），由于相隔 $T/2$ 的两次测量的误差大小相等而符号相反，故可以用相隔半个周期测量一次，取相邻两次测量值进行算术平均来消除系统误差。该方法广泛用于测角仪器上，其度盘的对径上装有一对或数对读数装置，故又称对径测量法。

（7）周期检定法消除渐变误差。渐变误差的变化往往具有随机性，故不能采用一次性检定修正的办法去减小或消除。工程上常用的方法是将仪表定期与标准量（或标准表）比对或受检，并根据检定或比对结果去调整仪表零点和量程，将渐变误差限制在允许值以内，即仪表实际精确度不低于标准精确度。校准周期主要取决于渐变误差变化速度（曲线斜率）及允许的误差限。

（二）随机误差

1. 随机误差的特性

随机误差是由测量过程中很多暂时未能掌握或不便掌握的许多独立的、微小的偶然因素（如测量装置、环境和人员方面原因）所引起的，因此对同一参数在相同条件下进行多次等精确度测量时，得到的是一系列不完全相同的测量值，每个测量值都会有误差。从每个测量结果来看，这些误差的出现似乎没有确定的规律，即由前一个误差的出现不能预计下一个误差的大小和方向，但从多次重复测量的结果看或就误差的整体而言，却具有统计规律。

若在测量结果中不包括系统误差和粗大误差，则测量列中的随机误差的分布图形一般有如下四个特点：

（1）对称性。随机误差出现的概率，即绝对值相等的正误差和负误差出现的次数相等，以零误差为中心呈对称分布。重复测量的次数越多，则误差分布图形的对称性越好。

（2）单峰性。绝对值小的随机误差比绝对值大的随机误差出现的概率大。从概率分布曲线看，零误差对应误差概率的峰值。

（3）有界性。在一定条件下，随机误差的绝对值不会超过一定的范围或出现的概率近乎为零。

（4）抵偿性。在同样条件下，对同一量的测量，随着测量次数的增加，随机误差的算术平均值（或总和）趋向于零。该特性是随机误差的最本质特性，换言之，凡具有抵偿性的误差，原则上都可以按随机误差处理。

2. 减小随机误差的方法

产生随机误差的原因是很多独立因素综合作用引起的，而且这些独立因素所起的作用也往往是随机的，因此随机误差很难消除。如仪表的活动零件与静止零件间的摩擦、振动、电噪声、热噪声等都会使仪表产生随机误差。

对于已知的因素可以采取一定的对策，例如加大驱动力，减少摩擦因素的影响，采用隔振措施减小振动的影响，利用电、磁、热屏蔽等办法减小干扰因素的影响。在使用仪表时，可以通过对同一被测量增加测量次数取平均值的方法，有效地减小随机误差。此外，选用以微处理机为核心的智能仪表，利用数字滤波法也可减小随机误差。

（三）粗大误差

粗大误差又称粗差，产生的原因主要有测量人员的主观原因（如经验不足、操作不当等）和测量条件意外变化（如机械振动、电网电压突然波动等）。粗差的数值一般比较大，必然会对测量结果产生明显的歪曲，一旦发现含有粗差的测量值，应将其从测量结果中剔除。另一方面，即使是一组正确的测量也有分散性，它客观地反映了测量对象的随机波动特性，若人为剔除一些误差较大的值也是不恰当的。因此，在判断测量值中是否含有粗差时应特别慎重。

就方法而言，一种是物理判别法，即在测量过程中读错、记录错误、仪表突然受到振动时，随时发现随时就剔除，然后重新测量。另一种是统计法判别，在整个测量完成后不能确定哪一个测量值是坏值或对怀疑为异常的值又找不出产生这种异常数据的明确原因时才采用。统计法的基本思想在于：给定一个置信概率（例如 0.99）并确定一个置信限，凡超过这个限值的误差就认为它不属于随机误差范畴，而是粗差，应予以剔除。

对粗大误差，除了采用从测量结果中加以判别和剔除外，更重要的是做到以下几点：加强测量者的工作责任心，提高测量操作技能，以严格的科学态度对待测量工作；保证测量条件满足和稳定，或者避免在外界条件发生剧烈变化时进行测量；为了及时发现或防止产生粗差，还可采用不等精确度测量或相互之间的校核方法，如对某量进行测量时，可用两台仪表或两种不同方法，由两位测量者进行测量、读数和记录。

四、测量系统的质量指标

1. 允许误差

仪表出厂时应保证它的误差不超过某一规定值，该规定值叫做仪表的允许误差。允许误差以引用相对误差的形式表示。

2. 精确度

测量误差的存在影响了测量结果的准确性。对任何一次有意义的测量，都要尽量减小误差对测量结果的影响。常用精密度和正确度来衡量测量结果与被测参数真值之间的精确程度。

（1）精密度。精密度表征了对同一被测量在相同条件下，使用同一仪表，由同一操作者进行多次重复测量所得测量值彼此之间接近的程度，也就是说，它表示测量重复性的好坏。精密度反映随机误差的影响。随机误差小，测量的重复性就好，精密度也高；反之重复性差，精密度也低（如手枪打靶：打靶成绩为 7 环、8 环和 7 环的精密度就比打靶成绩为 7 环、10 环和 7 环的精密度要高）。

（2）正确度。正确度表示测量值与被测量真值之间的符合程度。正确度反映了系统误差的影响，误差愈小，正确度愈高；反之误差愈大，正确度愈低（如手枪打靶：打靶成绩为 7 环、10 环和 7 环的正确度就比打靶成绩为 7 环、8 环和 7 环的正确度要高）。

（3）仪表的精确度等级。精确度就是精密度和正确度的综合描述。它反映测量结果与真值的一致程度。而仪表的精确度等级则是按国家统一规定的允许误差大小划分的，国家统一规定的允许误差去掉百分号就是仪表的精确度等级数字。

划分的仪表精确度等级系列大致为⋯0.02、0.04、0.05、0.1、0.2、0.5、1.0、1.5、2.5、4.0⋯数字愈小，精确度愈高。

仪表在出厂时，不仅要在产品说明书中说明仪表的精确度等级，而且还要在仪表的表盘上标出等级数字。例如，在仪表指示面板上刻有 1.0 数字，表明该仪表的精确度等级为 1.0 级，其允许误差为 ±1.0%，即该仪表的允许误差不超过该仪表量程的 ±1.0%。一台合格的仪表，其误差要小于或等于该仪表的允许误差，否则为不合格仪表，应酌情降级使用。

例如某一温度表的精确度等级为 1.0 级，量程为 100 ~ 1100℃，那么在测量中可能产生的仪表误差不应超过量程的 1%，仪表的各处示值的绝对误差均不允许超过（1100 - 100）×（±1.0%）= ±10℃。

应用仪表精确度这一概念时必须注意，在测量工作中只有使用同一精确度等级且量程相同的仪表时，其仪表的允许误差才相等，与被测参数大小无关。而对同一精确度等级仪表，如果仪表量程不同，其允许误差是不同的。量程愈大，仪表允许误差（以绝对误差形式表示）愈大。故在选用仪表时，在满足被测量数值范围的前提下，尽可能选择量程小的仪表，以提高测量的准确性。仪表刻度盘的分度值不应小于仪表的允许误差（以绝对误差的形式表示）值，小于允许误差值的分度是没有意义的。

3. 变差

在外界条件不变的情况下，使用同一仪表对被测参数进行正反行程（即逐渐由小到大再由大到小）测量时，在同一被测参数值下仪表的示值却不相同，这种差异的程度用变差予以表征。变差又称回程误差和滞后误差。在全量程范围内，上下行程测量差异最大的数值与仪表量程之比的百分数为测量系统或仪表的变差。变差通常是由仪表中的弹性元件、磁性元件等滞后现象引起的，也可能是由机械元件之间的间隙等原因引起的。仪表变差不应超过允许误差。为了测出仪表变差，在校验仪表时，一般应进行上、下行程的校验。

4. 灵敏度

灵敏度是表征仪表静态特性的一个基本参数，它反映仪表对被测参数变化的灵敏程度，其值为仪表的输出信号的变化量与产生该变化量的输入信号的变化量之比。

对于具有线性刻度关系的仪表，灵敏度又是一个常数。对于非线性刻度的仪表，其灵敏度随输入量的变化而变化。

仪表的灵敏度可以通过静态校准求得。灵敏度的量纲是系统输出量量纲与输入量量纲之比。系统输出量量纲一般指实际物理输出量的量纲，而不是刻度量纲。

5. 分辨率

分辨率是与灵敏度有关的仪表的另一性能指标，它反映测量系统或仪表不灵敏的程度。所谓分辨率是指能够引起测量系统或仪表输出量发生变化所对应输入量的最小变化量。通常把不能引起输出量变化的最大输入信号的值称为仪表的不灵敏区（或死区）。

6. 线性度

仪表的线性度（非线性误差）是衡量实际特性曲线与理想特性曲线符合程度的一项指标。理想仪表的输入和输出关系曲线应是线性的，即灵敏度为常数。但实际上并非如此，实际输入和输出特性曲线往往偏离理想特性曲线。偏离程度用"线性度"加以表征，其值用仪表测量范围内实际特性曲线偏离理想特性曲线的最大偏差与仪表全量程的百分比表示。

三、现代测量技术

传感器的发展趋势

近 20 年来，微电子技术、计算机技术、精密机械技术、高密封技术、特种加工技术、集成技术、薄膜技术、网络技术、纳米技术、激光技术、超导技术和生物技术等高新技术得到了迅猛发展。这一背景和形势，促进传感器朝着微型化、集成化、多功能化、智能化和网络化等方向发展。

一、微型化

传感器微型化归功于计算机辅助设计技术、微机电系统技术以及敏感光纤技术的发展。

传感器的设计手段从传统的结构化生产设计转变为基于计算机辅助设计的模拟式工程化设计，使得设计人员能够在较短的时间内设计出低成本、高性能的新型传感器系统，从而推动了传感器系统以更快的速度向着能够满足科技发展需求的微型化方向发展。

微机电系统技术除全面继承氧化、光刻、扩散、沉积等微电子技术外，还发展了平面电子工艺技术、各向异性腐蚀、固相键合工艺和机械分段技术。由于微电子技术、微机械加工与封装技术的巧妙结合，从而能够制造出体积小巧但功能强大的新型传感器系统，由此也将信息系统的微型化、智能化、多功能化和可靠性水平提高到了一个新的高度。

光纤传感器或通过光纤传送信号，或者将光纤作为敏感元件，使得光纤传感器具有传统的传感器无法比拟的重量轻、体积小、敏感性高、动态测量范围大、传输频带宽、易于转向作业以及它的波形特征能够与客观情况相适应等优良性能。

目前，微型传感器已经在航空、远距离探测、医疗及工业自动化等领域的信号探测系统得到了大量的应用。

二、传感器的集成化和多功能化

半导体、电介质、强磁体等固态功能材料的进一步开发和集成技术的不断发展，为传感播集成化开辟了广阔的前景。传感器的集成化是指在同一芯片上将众多同一类型的单个传感器集成为一维线型、二维阵列（面）型传感器，或将传感器与调理、补偿电路集成一体化。前一种集成化使传感器的检测参数由点到线到面到体的扩展，甚至能加上时序，变单参数检测为多参数检测；后一种传感器由单一的信号变换功能，扩展为兼有放大、运算、误差补偿等多种功能。

传感器多功能化是指将若干种敏感元件总装在同一种材料或单独一块芯片上，用来同时测量多种参数，全面反映被测量的综合信息，或对系统误差进行补偿和校正。美国 MER－RITT 公司研制开发的无触点皮肤敏感系统，包括无触点超声波、红外辐射引导、薄膜式电容以及温度、气体传感器等。DTP 型智能压力传感器中集成压力、环境压力和温度三种传感元件。其中，主传感器为差压传感器，用来探测差压信号，辅助传感器为温度和环境压力传感器，它们用于调节和校正由于温度和工作环境的压力变化而导致的测量误差。

三、传感器的智能化

智能化传感器是微型机与传感器结合的产物，它不仅能进行外界信号的测量、转换，而且能实现信息存储、信息分析和结论判断等功能。它的出现是传感技术的一次革命，对传感器的发展产生了深远的影响。

四、网络化

传感器的网络化是传感器与计算机技术和网络技术相结合的产物。网络化传感器是在智能传感器基础上，把网络协议作为一种嵌入式应用，嵌入现场智能传感器的 ROM 中，使其具有网络接口能力，这样，网络化传感器像计算机一样成为了测控网络上登录网络，并具有网络节点的组态性和互操作性。利用现场总线网络、局域网和广域网，处在测控点的网络传感器将测控参数信息加以必要的处理后登录网络，联网的其他设备便可获得这些参数，进而再进行相应的分析和处理。随着分布式测控网络的兴起，网络化传感器必将得到广泛的应用。

1. 基于现场总线技术的网络化测控系统

现场总线是用于过程自动化和制造自动化的现场设备或仪表互连的现场数字通信网络，它嵌入在各种仪表和设备中，可靠性高、稳定性好、抗干扰能力强，通信速率快，造价低廉、维护成本低。

但是目前各种现场总线标准都有自己规定的协议格式，相互之间互不兼容，这就要求在某个现场总线中使用的智能仪表必须符合该现场总线的有关规定。目前，IEEE 已经制定了兼容各种现场总线标准的智能网络化传感器接口标准 IEEE1451，用户可以根据自己的需要随意选择不同厂家生产的现场总线仪表，而不用考虑会受到总线的影响，从而实现真正意义上的即插即用。

本章将在第四节简要介绍现场总线仪表的工作原理及其构造的测控系统。

2. 面向 Internet 网络测控系统

当今时代，以 Internet 为代表的网络技术的迅速发展以及它与其他高新科技的相互结合，也为测量与仪器技术带来了前所未有的发展空间和机遇，网络化测量技术与具备网络功能的新型仪器应运而生。把 TCP/IP 协议作为一种嵌入式的应用，嵌入现场智能仪器（主要是传感器）的 ROM 中，使信号的收、发都以 TCP/IP 方式进行。

典型的面向 Internet 的测控系统结构如图 1 所示。图中现场智能仪表单元

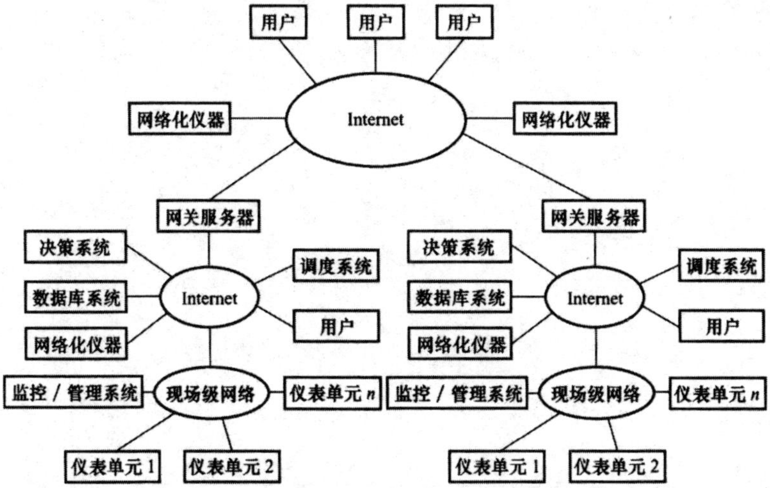

图 1　面向 Internet 的测控系统结构

通过现场级测控网络与企业内部网 Intranet 互连，而具有 Internet 接口能力的网络化测控仪器通过嵌入于其内部的 TCP/IP 协议直接连接于企业内部网上。如此，测控系统在数据采集、信息发布、系统集成等方面都以企业内部网络 Intranet 为依托。将测控网和企业内部网及 Internet 互联，便于实现测控网和信息网的统一。在这样构成的测控网络中，网络化仪器设备充当着网络中独立节点的角色，信息可跨越网络传输至所及的任何领域，实时、动态（包括远程）的在线测控成为现实。将这样的测量技术与过去的测控、测试技术相比不难发现，今天，测控能节约大量现场布线、扩大测控系统所及地域范围。使系统扩充和维护都极大便利的原因，就是因为在这种现代测量任务的执行和完成过程中，网络发挥了不可替代的关键作用，即网络实实在在地介入了现代测量与测控的全过程。

随着智能化、微机化仪器仪表的日益普及，联网测量技术已在现场维护和某些产品的生产自动化方面得以实施，还必将在现代化工业生产等越来越多的领域中大显身手。

智能传感器

随着时代的进步，传统的传感器已经不能满足现代工农业生产，20 世纪 70 年代以来，计算机技术、微电子技术、光电子技术获得迅猛发展，加工工艺逐步成熟，新型的敏感材料不断被开发，在高新技术的渗透下，在 20 世纪 80 年代产生了基于微处理器技术的智能传感器。

一、智能传感器的概念

智能传感器具有一定的人工智能，能够用电路代替一部分脑力劳动。传感器在发展与应用过程中越来越多地和微处理器相结合，使传感器不仅具有"电五官"的功能，而且还具有了存储、思维和逻辑判断等人工智能。

传感器与微处理器结合可以通过以下两种途径来实现：一是采用微处理器或微型计算机系统以强化和提高传统传感器的功能，即传感器和微处理器可分为两个独立部分，传感器的输出信号经处理和转换后，由接口送入微处理器部分进行运算处理，这便是传感器智能化途径之一；二是借助于半导体技术把传感器部分与信号预处理电路、输入输出接口、微处理器等制作在同一块芯片上，即成为大规模集成电路智能传感器，这类传感器具有多功能、一体化、精度高、适宜于大批量生产、体积小和便于使用等优点。后者是传感器发展的必然趋势。就目前来看，已少数以组合形式出现的智能传感器作为产品投入市场，如美国霍尼韦尔公司推出的 DSTJ3000 就是一种智能差压和压力传感器。

无论是传感器智能化或是智能传感器，都是指具有检测和信息处理功能的传感器。

二、智能传感器的结构

智能传感器的结构可用图 2 简单表示。传感器将被测的物理量转换成相应的电信号，送到模拟量输入通道，进行滤波、放大、模-数转换后，送到微处理器中。微处理器是智能传感器的核心，它不但可以对传感器测量数据进行计算、存储、数据处理，还可以通过反馈回路对传感器进行调节。与传统的传感器相比，智能传感器将传感器输出的模拟信号转换为数字信号，利用计算机系统丰富的软、硬件资源达到检测自动化和智能化的目的。由于计算机充分发挥各种软件的功能，可以完成硬件难以完成的任务，从而大大降低传感器制造的难度，提高传感器的性能，降低成本。

智能传感器由硬件和软件两大部分组成。

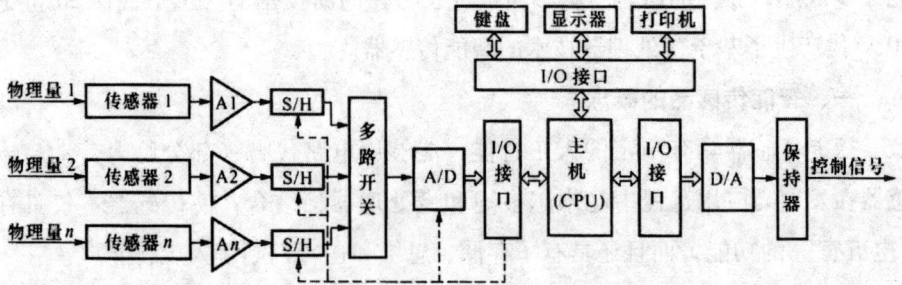

图2　智能传感器的结构框图

1. 硬件部分

智能传感器的硬件主要由主机电路、模拟量输入输出、人机联系部件及其接口电路、标准通信接口等组成。

（1）主机部分。主机部分通常由微处理器CPU、存储器、输入输出I/O接口电路组成，或者其本身就是一个具有多种功能的单片机。由于智能传感器对主机电路控制功能的要求更强于对数据处理速度和容量的要求，因此目前我国的智能传感器广泛采用8位的MCS—51系列单片机作为其主机电路。

微处理器CPU是智能传感器的核心，它作为控制单元，控制数据采集装置进行采样，并对采样数据进行计算及数据处理，如数字滤波、标度变换、非线性补偿、数据计算等等。然后，把计算结果进行显示和打印。

（2）模拟量输入输出部分。模拟量输入输出部分用来输入输出模拟量信号，主要由传感器、相应信号处理电路、转换器、输入输出I/O接口等几部分组成。其中，传感器把被测物理量转换为电信号输出，信号处理电路将传感器输出的微弱电信号进行适当放大、滤波、调制、电平转换和隔离屏蔽等，提高信号质量，以满足转换器的转换要求，转换器包括 A/D 和 D/A 转换器。

在智能传感器中，无一例外地采用 CPU 作为核心。CPU 能处理的只能是数字量，而绝大多数传感器输出的都是模拟量，同时要求智能传感器的输出量也为模拟量，以便送入执行机构，对被控对象进行控制或调节，这就使得 CPU 与其外围电路之间存在模拟量与数字量之间转换的问题。因此，A/D 及 D/A 转换电路是智能传感器中必不可少的部分。A/D 转换电路是把模拟电信号转换成 CPU 可以接受的数字量信号，D/A 转换电路则是把 CPU 处理后的数字量信号转换成模拟信号输出。

（3）人机联系部分。人机联系部分的作用是沟通操作人员和传感器之间的联系，主要由传感器面板中的键盘、显示器等组成。

（4）标准通信接口。标准通信接口用于实现智能传感器与通用型计算机的联系，使传感器可以接受计算机的程控指令，较易构成多级分布式自动测控系统（集散控制系统）。目前生产的智能传感器一般都配有 GP—IB、RS232C、RS485、USB 等标准通信接口。

2. 软件部分

智能传感器的软件主要包括监控程序、接口管理程序和数据处理程序三大部分。监控程序面向传感器面板的键盘和显示器，帮助实现由键盘完成的数据输入或功能预置、控制以及由显示器对 CPU 处理后的数据以数字、字符、图形等形式显示等任务。接口管理程序主要通过控制接口电路的工作以完成数据采集、I/O 通道控制、数据存储、通信等任务。数据处理程序主要完成数据滤波、运算、分析等任务。

3. 智能传感器中的信息处理技术

传感器输出的模拟量经 A/D 转换器转换后变成数字量送入计算机，这些数字量在进行显示、报警及控制之前，还必须根据需要进行一些加工处理，如量程自动转换、标度变换、自动校准、数字滤波及非线性补偿等，以满足各种不同的需要。以上这些处理也称为软件处理。

（1）量程自动转换。如果传感器和显示器的分辨率一定，而仪表的测量范围很宽，为了提高测量精确度，智能化仪表应能自动转换量程。多回路检测系统中，当各回路参数信号不一样时，为保证送到计算机的信号一致（0～5V），也必须能够进行量程的自动转换。

量程自动转换是指采用一种通用性很强的可编程增益放大器 PGA，根据需要通过程序调节放大倍数，使 A/D 转换器满量程信号达到一致化，因此大大提高测量精确度。

（2）标度变换。生产过程中的各个参数都有着不同的量纲和数值，根据不同的检测参数，采用不同的传感器，就有不同的量纲和数值。如检测常用热电偶，温度单位为℃。且热电偶输出的热电势也各不相同，如铂铑—铂热电偶在 1600℃ 时，其电势为 16.677mV，而镍铬—镍铬热电偶在 1200℃ 时，其电势为 48.87mV。又如测量压力用的弹性元件有膜片、膜盒以及弹簧管等，其压力范围从几帕到几十帕。所有这些参数都经过传感器及检测电路转换成 A/D 转换器所能接受的 0～5V 统一电压信号，又由 ADC 转换成 0000H～0FFFH（12 位）的数字量，以便于 CPU 进行各种数据的处理。为进一步进行显示、记录、打印以及报警等，必须把这些数字量转换成与被测参数相对应的参量，便于操作人员对生产过程进行监视和管理，这就是所谓的标度变换，也称为工程量变换。标度变换有各种不同类型，它取决于被测参数测量传感器的类型，应根据实际情况选择适当的标度变换方法。

（3）自动校准。在智能传感器的测量输入通道中，一般均存在零点偏移和漂移，产生放大电路的增益误差及器件参数的不稳定等现象，他们会影响测量数据的准确性，这些误差属于系统误差，必须对这些误差进行校准。自动校准包括零点自动校准和增益自动校准。其中零点自动校准是在零输入信号时，由于零漂的存在，输入不为零，预先将它检测出来并存入内存单元。在检测传感器输出值时再从检测值中扣除这个零位漂移值的影响。而增益自动校准是在输入标准信号时，记录检测值和标准信号的比值，即标准增益，预先将它存放在内存单元中，在检测传感器输出值时用此标准增益进行修正，以消除由于增益变化所带来的影响。

(4) 数字滤波。由于被测对象所处的环境比较恶劣，常存在干扰源，如环境温度、电场、磁场等，在测量信号中往往混有噪声、干扰等，使测量值偏离真实值。对于各种随机出现的干扰信号，在智能传感器中，常通过一定的计算程序，对多次采样信号构成的数据系列进行平滑加工，以提高其有用信号在采样值中所占的比例，减少乃至消除各种干扰及噪声，从而保证系统工作的可靠性，这就是数字滤波。

数字滤波的方法很多，如算术平均法、加权平均法、中值法、系数滤波法、统计法等等。这里仅以算术平均滤波为例进行说明。

算术平均滤波是指利用智能仪表中的微处理器对某点参数作连续 n 次采样测量，获得参数值 $x_1, x_2, x_3, \cdots x_n$，然后求取其平均值作为该点参数的测量值，它可以有效地减小或消除压力、流量参数中的周期性脉动干扰。

(5) 非线性补偿。在许多智能化传感器中，一些参数往往是非线性参数，常常不便于计算和处理，有时甚至很难找出明确的数学表达式。例如在温度测量系统中，热电阻及热电偶与温度之间的关系，即为非线性关系，很难用一个简单的解析式来表达。在某些时候，即使有较明显的解析表达式，但计算起来也相当麻烦。例如在流量测量中，流量孔板的差压信号与流量之间也是非线性关系，即使能够用公式计算，但开方运算不但复杂，而且误差也比较大。

对于诸如此类的问题，在智能仪表中可以采用软件进行非线性补偿。具体的实施方法是，先找出输入与输出关系的数学模型（如数学方程式），或在线检测时用回归法拟合数学公式，存入内存中。测量时，只要把传感器的输出送入微处理器进行数据处理，即能把实际测量结果输出，从而完成传感器的输出补偿，提高测量的准确度。

(6) 温度误差补偿。对于高精度传感器，温度误差已成为提高其性能指标的严重障碍（如硅压阻、应变式、间隙电容式传感器等），尤其在环境温度变化较大的应用场合更是如此。依靠传感器本身附加一些简单的硬件补偿措施实现温度补偿是很困难的。在智能传感器中，由于引入了微处理器，通过精确建立温度误差的数学模型可以利用软件就可很容易实现温度误差补偿。

4. 结构特点

与传统的传感器相比，智能化传感器具有以下特点。

（1）开发性强，可靠性高。计算机软件在智能传感器中起着举足轻重的作用。它不仅对信息测量过程进行管理和调节，使之工作在最佳状态，而且利用计算机软件能够实现硬件难以实现的功能，因为以软件代替部分硬件，可降低传感器的制作难度。

在不增加硬件设备情况下，以软件替代硬件，通过开发不同的应用软件使测量系统实现不同的功能，使得智能传感器的研制开发具有费用低、周期短等特点；同时由于"硬件软化"的效果，减少了硬件电路和所用元器件数目，也就减少了故障发生率，提高了传感器的可靠性。

（2）改善了仪表性能，提高了测量精确度。利用微处理器的运算、逻辑判断、统计处理功能，可对测量数据进行分析、统计和修正，还可进行线性、非线性、温度、噪声以及漂移等的误差补偿，提高了测量准确度，极大地改善仪表的性能。

（3）智能化。传感器的智能化表现在：①具有自诊断、自校准功能，可在接通电源时进行开机自检，可在工作中进行自检，并可实时自行诊断测试以确定哪一组件有故障，提高了工作可靠性。②具有自适应、自调整功能，可根据待测物理量的数值大小及变化情况自动选择测量量程和测量方式，提高了测量的适用性。③具有记忆、存储功能，可进行测量数据的随时存取，加快了信息的处理速度。④具有组态功能，可实现多传感器、多参数的复合测量，扩大了测量与使用范围。⑤可通过改变程序或采用可编程的方法增减传感器功能和规模来适应不同环境和对象，甚至达到改变传感器性质的目的。这些都是传统传感器无法实现的。目前有些智能传感器还运用了专家系统技术，使传感器可根据控制指令或外部信息自动地改变工作状态，并进行复杂的计算、比较推理，使之具有较深层次的分析能力，帮助人们思考，具有类似人的智能。

（4）具有友好的人机对话界面。操作人员通过键盘输入命令，智能传感器通过显示器显示仪表的运行情况、工作状态以及对测量数据的处理结果，使得人机联系非常密切。

（5）具有数据通信功能。智能化传感器具有数据通信功能，采用标准化总线接口，可方便地与网络、外设及其他设备进行数据交换，提高了信息处理的质量。

总之，智能传感器使得自动化测量技术变得更加灵活，更为经济有效，适应多种要求，具有多功能、高性能和高可靠性等优点。

三、智能模糊传感器

模糊传感器是顺应人类的生活实践、生产和科学的需要而提出的，并得到迅速的发展。它是在经典数值测量的基础上，经过模糊推理和知识合成，以模拟人类自然语言符号描述的形式输出测量结果的一种新型智能传感器。它的核心部分是模拟人类自然语言符号的产生及其处理部件。

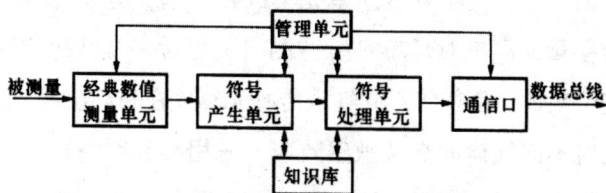

图3　模糊传感器的结构功能示意图

图3是模糊传感器的简单结构功能示意图。其中，经典数值测量单元的作用是提取传感信号，并对其进行滤波等数值预处理。符号产生和处理单元是模糊传感器的核心部分，它的作用是利用存放在知识库中的知识或经验，对已恢复的传感器传感信号进一步处理，得到符号测量结果。符号处理单元的作用是采用模糊信息处理技术，对模糊化后得到的符号形式的传感信号，结合知识库内的知识（主要有模糊判断规则、传感信号特征、传感器特性及测量任务要求等信息），经过模糊推理和运算，得到被测量的符号描述结果及其相关知识。模糊传感器可以经过学习新的变化情况（如任务发生改变，环境变化等等）来修正和更新知识库内的信息。

模糊传感器的"智能"表现在它可以模拟人类感知的全过程。它不仅具有智能传感器的一切优点和功能，而且具有学习推理的能力，具有适应测量环境变化的能力、能够根据自我管理和调节的能力。模糊传感器的作用应当与一个丰富经验的测量工人的作用是等同的，甚至更好。

模糊传感器的突出特点是具有强大的软件功能，它与一般智能传感器的根本区别在于模糊传感器具有实现学习功能的单元和符号产生、处理单元，能够实现专家指导下的学习和符号的推理及合成，使模糊传感器具有可训练性，经过学习与训练，模糊传感器可以适应不同测量环境和测量任务的要求。

四、集成式智能传感器

传感器的集成化是指将多个功能相同或不同的敏感元件制作在同一个芯片上构成传感器阵列，主要有三个方面的含义：一是将多个功能完全相同的敏感单元集成制造在同一个芯片上，用来测量被测量的空间分布信息，例如压力传感器阵列。二是对不同类型的传感器进行集成，例如将压力、温度、湿度、流量、加速度、化学等敏感单元集成在一起，能同时测到环境中的物理特性或化学变量，用来对环境进行监测。三是对多个结构相同、功能相近的敏感单元进行集成，例如将不同气敏传感元集成在一起组成"电子鼻"，利用各种敏感元对不同气体的交叉敏感效应，采用神经网络模式识别等先进数据处理技术，可以对混合气体的各种组分同时监测得到混合气体的组成信息，同时提高气敏传感器的测量精确度；这层含义上的集成还有一种情况是将不同量程的传感元集成在一起，可以根据待测量的大小在各个传感元之间切换，在保证测量精确度的同时，扩大传感器的测量范围。

1. 智能传感器的实现途径

从结构上划分，智能传感器可以分为模块式和集成式。初级的智能传感器是由许多互相独立的模块组成，如将微计算机、信号调理电路模块、数据电路模块、显示电路模块和传感器装配在同一壳结构内则组成模块式智能传感器。混合式智能传感器是将敏感元件、信号处理电路、微处理器单元、数字总线接口等环节以不同的组合方式集成在两块或三块芯片上，并装在一个外壳里，目前这类结构较多。集成化智能传感器系统是采用微机械加工技术和大规模集成电路工艺技术，利用硅作为基本材料制作敏感元件、信号调理电路、微处理单元，并把它们集成在一块芯片上而构成的。这种传感器集成度高，体积小，但目前的技术水平还很难实现。

2. 集成智能传感器的几种模式

按具有的智能化程度来讲，集成化智能传感器有初、中、高三种存在形式。

初级形式是智能传感器系统最早出现的商品化形式，因此被称为"初级智能传感器"。它是将敏感元件与智能信号调理电路（不包括微处理器）封装在一个外壳里。其中智能信号调理电路用来实现比较简单的自动校零、非线性的自动校正、温度自动补偿功能。

中级形式是将敏感元件、信号调理电路和微处理器单元封装在一个外壳里，强大的软件使它具有完善的智能化功能。

高级形式是将敏感元件实现多维阵列化，同时配备更强大的信息处理软件，使之具有更高级的智能化功能。它不仅具有完善的智能化功能，而且具有更高级的传感器阵列信息融合功能，或具有成像与图像处理等功能。

3. 集成智能传感器实例

美国 Honeywell 公司研制的 DSTJ—3000 型智能式差压压力传感器，是在同一块半导体基片上用离子注入法配置扩散了差压、静压和温度三种传感元件，其组成包括变送器、现场通信器、传感器脉冲调制器等，如图4所示。

传感器的内部由传感元件、电源、输入、输出、存储器和微处理机（8位）组成，成为一种固态的二线制（4~20mA）压力变送器。现场通信器的

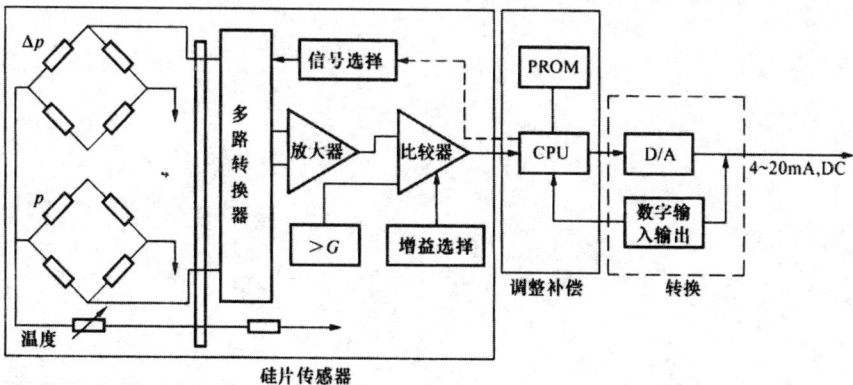

图4　DSTJ-3000 型智能压力传感器方框图

作用是发信息，使变送器的监控程序开始工作。传感器脉冲调制器是将变送器的输出变为脉宽调制信号。为了使整个传感器在环境变化范围内均可得到非线性补偿，生产后逐台进行差压、静压、温度试验，采集每个测量头的固有特性数据并存入各自的 PROM 中。

DSTJ—3000 型智能压力传感器的特点是量程宽，可调到 100：1（一般模拟传感器仅达 10：1）；精确度高达 0.1%。

虚拟仪表

一、虚拟仪表的基本概念

虚拟仪表 VI（Virtual Instrument）是 20 世纪 80 年代末出现的一种测量仪表，它是指以通用计算机作为系统控制器、由软件来实现人机交互和大部分仪表功能的一种计算机仪表系统。仪表的操控和测量结果的显示是借助于计算机显示器以虚拟面板的形式来实现的，数据的传送、分析、处理、存储是由计算机软件来完成的。

虚拟仪表中"虚拟"的含义表现在以下两方面。

1. 虚拟仪表面板

对于传统仪表，操作人员可以通过操纵仪表物理面板上的各种开关、按键、旋钮等来实现仪表电源的通断、通道选择、量程、放大倍数等参数的设置，通过面板上的发光二极管、数码管、液晶或 CRT 等来识别仪表状态和测量结果。

而虚拟仪表中，物理的开关、按键、旋钮以及数码管等显示器件均是由与实物外观很相似的图形控件来代替并在显示器上显示，操作人员通过鼠标或键盘来操作图形界面实现测量结果和对仪表的操控。

2. 软件编程来实现仪表功能

在虚拟仪表中，仪表的许多功能由软件编程来实现的，如测量所需要的激励信号由软件产生的数字采样序列控制 D/A 转换器产生，数字滤波等系统硬件模块不能实现的一些数据处理功能由软件编程很方便就可实现。

总之，虚拟仪表就是指在通用计算机上添加几种带共性的基本模块化仪表功能硬件，通过专用的控制软件来组合成各种功能的仪表或系统。当需要建立一个仪表系统时，只要调出仪表相应的图标，输入相关条件、参数，并用鼠标按测试流程进行链接，就完成了一套新仪表的设计工作。

二、虚拟仪表的系统构成

如图5所示，虚拟仪表由硬件和软件两大部分构成。

虚拟仪表的硬件通常包括通用计算机和外围硬件设备。通用计算机可以是笔记本电脑、台式计算机或工作站等。外围硬件设备可以选择 GPIB 系统、VXI 系统、PXI 系统、数据采集系统或其他系统，也可以选择由两种或两种以上系统构成的混合系统。其中，最简单、最廉价的形式是采用基于 ISA 或 PCI 总线的数据采集卡，或者是基于 RS－232 或 USB 总线的便携式数据采集模块。

虚拟仪表的软件包括操作系统、仪表驱动器和应用软件三个层次。操作系统可以选择 Windows 9x/NT/2000、SUN OS、Linux 等。仪表驱动器软件是直接控制各种硬件接口的驱动程序，应用软件通过仪表驱动器实现与外围硬件模块的通信连接。应用软件包括实现仪表功能的软件程序和实现虚拟面板的软件程序。用户通过虚拟面板与虚拟仪表进行交互。

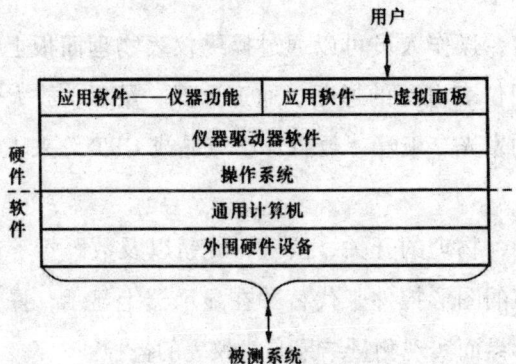

图5　虚拟仪表的系统构成

目前，HP、NI 等公司推出了专用于虚拟仪表开发的集成开发环境，以方便仪表制造商和用户进行仪表驱动器和应用软件的开发。常用的仪表开发软件有 LabVIEW、LabWin－dows/CVI、VEE 等等。这些软件已相当完善，而且还在升级、提高。以 LabVIEW 为例，这是基于图形化编程语言 G 的开发环境，用于如 GPIB、VXI、PXI、PCI 仪表及数据采集卡等硬件的系统构成，而且，具有很强的分析处理能力。去年，LabVIEW 6i 问世，将智能化测量与控制技术进一步扩展到了 Internet。

三、虚拟仪表的特点

与传统仪表相比，虚拟仪表有以下一些特点。

1. 软件是核心

根据系统设计要求，在选定系统控制用计算机以及一些标准化的仪表硬件模块后，软件部分就成为构建和使用虚拟仪表的关键所在。用户就可以通过软件构成几乎任何功能的仪表，从这种意义上讲，甚至可以说，软件是仪表，这是对传统仪表概念的一个重要变革。

2. 灵活性和可扩展性

虚拟仪表实质上就是一台完全由计算机软件所定义的通用测量仪表。它的出现，进一步缩小了仪表制造厂商与用户之间的距离，使得用户能够根据自己不断变化的需求，自由发挥自己的想象力定义仪表的功能，方便灵活地组建更好的测量系统，并且可以很方便地升级换代。可以说，当用户的测量需要发生变化时，无需购置新的仪表设备即可轻松对其进行修改或扩展。或者只需要更新计算机或测量硬件，就能以最少的硬件投资和极少的、甚至无需软件上的升级即可改进用户的整个系统。

3. 性价比高

虚拟仪表将传统仪表中一些由硬件完成的功能转为软件来实现，减少了自动测量系统的硬件环节，降低了系统的开发成本和维护成本；虚拟仪表能够同时对多个参数进行实时高效的测量，信号传输大部分采用数字信号的形式，数据处理也主要依赖软件来实现，大大降低了环境干扰和系统误差的影响；用户可以随时根据不同的测量要求采用变更计算机软件的方法，使得测量仪表具有灵活多变的特点。因此，使用虚拟仪表比传统仪表更经济。

4. 良好的人机界面

虚拟仪表的操控界面是采用图形化编程技术设计的虚拟面板，它可以模拟传统仪表面板的风格来设计，也可以由用户根据实际需求定制设计。测量结果可以通过计算机屏幕以曲线、图形、数据或表格等形式显示出来，操作人员可以通过点击鼠标对仪表进行操作。

5. 与其他设备互联的能力

虚拟仪表通常具备标准化总线或通信接口，具有与其他设备互联的能力。例如，虚拟仪表能够通过以太网与 Internet 相连，或者通过现场总线完成对现场设备监控和管理等。这种互连能力使虚拟仪表系统的功能显著增加，应用领域明显扩大。

概括起来，虚拟仪表与传统仪表的性能差别可以用表1来描述。

表1　虚拟仪表与传统仪表的比较

虚拟仪表	传统仪表
关键是软件	关键是硬件
用户定义仪表功能	厂商定义功能
软件的应用使得开发与维护费用降至最低	开发与维护费用高
开放、灵活，与计算机技术保持同步发展	封闭、固定
技术更新周期短（1~2年）	技术更新周期长（5~10年）
与网络及其他周边设备互连方便	功能单一，互连能力有限
价格低，可复用，可重配置性强	价格昂贵

现场总线仪表

现场总线仪表是未来工业过程控制系统的主流仪表，它与现场总线是组成 FCS 的两个重要部分。本节以现场总线差压变送器为例简单介绍其工作原理及其组成的测控系统。

一、现场总线差压变送器

1. 工作原理

现场总线差压变送器采用电容式传感器（电容膜盒）作为差压感受部件，其结构及原理见前面相关内容。电路工作原理参见图 6，每一部分的功能描述如下：

（1）振荡器。产生一个频率与传感器电容有关的振荡信号；

（2）信号隔离器。将来自 CPU 的控制信号和来自振荡器的信号相互隔离，以免共地干扰；

（3）CPU、RAM 和 PROM。CPU 是变送器的智能部件，它负责完成测量

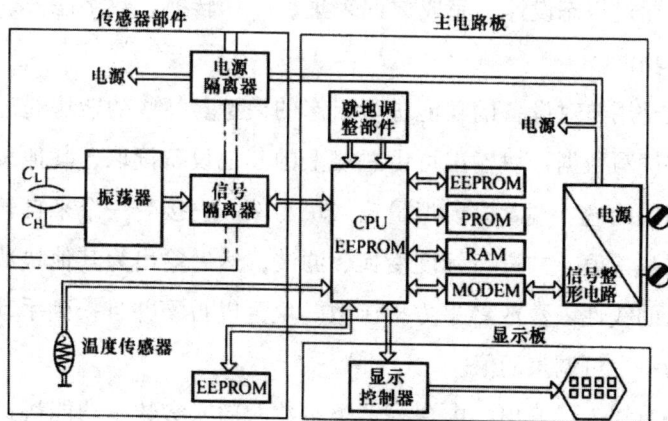

图 6　现场总线差压变送器的电路原理方框图

工作、功能块的执行、自诊断以及通信任务。程序储存器在 PROM 中，为了暂存中间数据，设有 RAM。如果电源失去，RAM 中的数据就会丢失。但 CPU 还有一个内部非易失存储器 EEROM，在那里保存着那些必须要保留的数据，例如调校、组态以及以别数据；

（4）EEROM。在传感器部件中另有一个 EEROM，它保存着不同压力和温度下传感器的特性数据。每只传感器都在制造厂进行标定。主电路上的 EE-ROM 用来保存组态参数；

（5）MODEM。监测链路活动，调制和解调通信信号，插入和删除起始标志和结束标志；

（6）电源。由现场总线上获得电源，为变送器的电路供电；

（7）电源隔离器。与输入部分的信号隔离类似，送至输入部分的电源也必须隔离；

（8）显示控制器。接收来自 CPU 的数据，控制液晶显示器各段的显示。控制器还提供各种驱动控制信号；

（9）就地调整部件。就地调整部件有两个可用磁性工具调整的磁性开关，因而没有机械和电气接触。

2. 应用介绍

现场总线仪表是以网络节点的形式挂接在现场总线网络上，它采用功能块的结构，通过组态设计，完成数据采集、A/D 转换、数字滤波、压力温度补偿等各种功能。

功能块是用户对设备的功能进行组态的模型。某些功能块通过转换块直接生成硬件读写数据，块输出可由总线上的其他设备读取，其他设备也可以把数据写到块的输入端。以模拟量输入块为例，它接受一个来自转换块的变量，即实际测量值，并进行标度变换、滤波，然后输出为其他块所用。输出可以是输入的线性函数或者平方根函数。块可以报警并且换到手动，以便迫使输出成为一个可调整的值。

功能块有输入、输出、内含等三类参数。输入参数是功能块接收到要处理的值，输出参数是可送给其他块、硬件或者使用者的处理结果，内含参数是用户块的组态、运行和诊断。在现场总线系统中，用户可以把这些功能块连接起来组态一定的控制策略实现相应的功能。控制策略的组态是把功能块的输出与其他功能块的输入连接在一起，当这种连接完成之后，后一个功能块的输入就由前一个功能块的输出"拉出"数值，因而获得它的输入值。处于同一个设备或不同设备的两个功能块之间均可连接。一个输出可以连接到多个输入，这种连接是纯软件的，对一条物理导线上可以传输多少连接基本上没有限制。内含变量不能建立连接。

功能块输出值总是伴随着一些状态信号，例如来自传感器的数值是否适合于控制，输出信号是否最终正确地驱动了执行器。这样，接收功能块就可以采用适当的动作。

二、现场总线仪表构成的测控系统

现场总线种类繁多，但不失一般性，基于任何一种现场总线系统，由现场总线测量、变送和执行单元组成的网络化系统可表示为图7所示的结构。

现场总线网络测控系统目前已在实际生产环境中得到成功的应用，由于其内在的开放式特性和互操作能力，基于现场总线的 FCS 系统已有逐步取代 DCS 的趋势。

三、现场总线协议

目前的智能化传感器系统本身尽管全都是数字式的，但其通信协议却仍

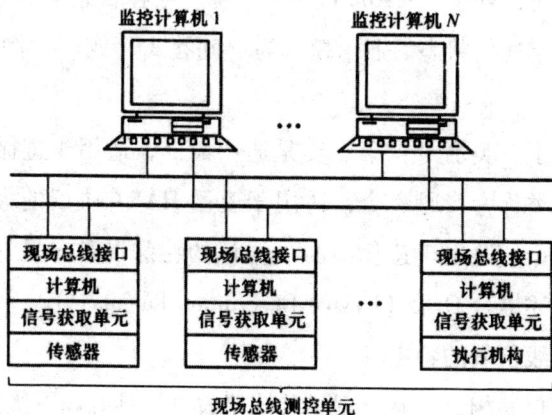

图7　基于现场总线技术的测控网络

需借助于 4 ~ 20mA 的标准模拟信号来实现。一些国际性标准化研究机构目前正在积极研究推出相关的通用现场总线数字信号传输标准。不过，在眼下过渡阶段仍大多采用远距离总线寻址传感器（HART）协议，这是一种适用于智能化传感器的通信协议，与目前使用 4 ~ 20mA 模拟信号的系统完全兼容，模拟信号和数字信号可以同时进行通信，从而使不同生产厂家的产品具有通用性。

HART 是可寻址远程传感器数据通路（Highway Addressable Remote Transducter）的缩写。最早由 Rosemount 公司开发，得到了 80 多家仪表公司的支持，并于 1993 年成立了 HART 通信基金会。HART 协议参考了 ISO/OSI 参考模型的物理层、数据链路层和应用层。

1. 物理层

在物理层采用基于 BelI 202 通信标准的频移键控 FSK 技术。在现有的 4 ~ 20mA 模拟信号上叠加 FSK 数字信号，以 1200Hz 的信号表示逻辑 1，以 2200Hz 的信号表示逻辑 0，通信速率为 1200bps，单台设备的最大通信距离为 3000m，多台设备互连的最大通信距离为 1500m，通信介质为双绞线，最大节点数为 15 个。

2. 数据链路层

数据链路层采用可变长帧结构，每帧最长为 25 个字节，寻址范围为 0 ~ 15。当地址为 0 时，处于 4 ~ 20mA 与数字通信兼容状态。而当地址为 1 ~ 15 时，则处于全数字通信状态。通信模式为"问答式"或"广播式"。

3. 应用层

应用层规定了三类命令：第一类是通用命令，适用于遵循 HART 协议的所有产品；第二类称为普通命令，适用于遵循 HART 协议的大多数产品；第三类成为特殊命令，适用于遵循 HART 协议的特殊设备。另外 HART 还为用户提供了设备描述语言 DDL（Device Description Language）。

四、现场总线仪表的特点

与传统测控仪表相比，基于现场总线仪表单元具有如下优点：

（1）彻底网络化：从最底层的传感器和执行器到上层的监控/管理系统均

通过现场总线网络实现互联，同时还可进一步通过上层监控/管理系统连接到企业内部网甚至 Internet。

（2）一切 N 结构：一对传输线、N 台仪表单元、双向传输多个信号、接线简单、工程周期短、安装费用低、维护容易，彻底抛弃了传统仪表一台仪器、一对传输线只能传输一个信号的缺陷。

（3）可靠性高：现场总线采用数字信号实现测控数据，抗干扰能力强，精度高；而传统仪表由于采用模拟信号传输，往往需要提供辅助的抗干扰和提高精度的措施。

（4）操作性好：操作员在控制室即可了解仪表单元的运行情况，且可以实现对仪表单元的远程参数调整、故障诊断和控制过程监控。

（5）综合管理功能强：现场总线仪表是以微处理器为核心构成的智能仪表，不但可以传输过程变量值和控制输出值，而且还可以传输很多用于设备管理的信息。所以，现场总线仪表能够实现更多的功能。例如，具有温度压力校正的现场总线流量变送器，具有阀门流量特性补偿的现场总线阀门定位器等。

（6）组态灵活：不同厂商的设备即可互联也可互换，现场设备间可实现互操作，通过进行结构重组，可实现系统任务的灵活调整。

软测量技术

在过程控制和系统优化领域，有很多非常重要的工艺过程变量由于技术或是经济上的原因，很难通过传感器进行在线连续测量。为了解决此类变量的测量问题，目前已经形成了软测量方法及其应用技术。

软测量（软仪表）技术，区别于现代传统测量分析技术，是一种全新的过程在线分析技术。所谓软测量就是选择与被测变量相关的一组可测变量，构造某种以可测变量为输入、被测变量为输出的数学模型，使用计算机软件进行模型的数值运算，从而得到被测变量的估计值。被测变量称为主导变量，可测变量称为二次变量或辅助变量，这类数学模型及相应的计算机软件也被称为软测量估计器或软测量仪表，软测量得到的估计值可作为控制系统的被控变量或反映过程特征的工艺参数，为优化控制与决策提供重要信息。软测量技术主要包括辅助变量选择、辅助变量的采集及处理、软测量模型建立和在线校正等步骤。

一、辅助变量的选择

辅助变量的选择一般是根据工艺机理分析，在可测变量集中，初步选择所有与被测变量有关的原始辅助变量，这些变量中部分可能是相关变量。在此基础上进行精选，确定最终的辅助变量个数。辅助变量的数目应大于或等于被估计的变量数，而最佳数目则与对象的自由度、测量噪声及模型的不确定性有关。

二、辅助变量的采集及处理

建立软测量模型，就必须采集被测变量和原始辅助变量。对这些变量的采集，应从时间和空间的分布上尽量多加以包容，数据的数量越多越好。

由于采集回来的数据一般都不可避免地带有误差，有时甚至是严重的过失误差，因此，对输入数据的处理在软测量技术中显得特别重要。

输入数据的处理包含两个方面，即换算和数据误差处理。换算直接影响过程模型的精确度和非线性映射能力，以及数值优化算法的运行效果。数据误差包括随机误差和过失误差两类。随机误差是由于随机因素，如操作过程的微小波动或检测信号的噪声等因素造成，在工程上一般都采用递推数字滤波的方法，如变通滤波、低通滤波、移动平均滤波等减小随机误差。

过失误差是由于仪表产生故障、操作者的失误或重大的外界干扰所引起的测量误差。由于过失误差一旦出现，会造成软测量、乃至过程优化全盘失败，所以及时侦破、剔除和校正含过失误差的数据是至关重要的。对于该类误差的剔除可以采用多种措施，比如残差分析法、校正量分析法。最现实的方法是，对重要的输入数据采用硬件冗余，如用相似的检测元件或采用不同的检测原理对同一数据进行检测，以提高该数据的可信度。

三、软测量模型的建立

软测量模型就是设法由可测变量得到无法直接测量的被测变量的估计值，它是软测量方法的核心。

1. 线性软测量模型

线性软测量模型基于 Kalman 滤波理论，它通过建立过程输出模型和辅助测量变量模型，并进行一系列的线性运算，得到输出变量与辅助变量之间的关系。但是由于该模型对模型误差和测量误差都很敏感，实施过程繁琐，且没有考虑过程输出和辅助变量之间的非线性问题，所以该模型并不适用。

2. 非线性软测量模型

目前较常用的非线性的软测量方法主要有机理建模方法和统计回归方法等。机理建模方法是在全面深刻了解生产过程的工艺机理后，就可以列出多种有关的平衡方程式，从而确定不可测的被测变量和可测辅助变量之间的数学关系，建立起用来估计被测变量的机理模型。机理模型的性能最优越，它能处理动态、静态、非线性的各种对象。但目前生产过程中仍有许多机理并不完全清楚，所以使用机理建模往往会有一定困难。统计方法有主元分析、主元回归、部分最小二乘法等。

模糊模式识别的方法脱离了传统数学方程式的模型结构，它以系统输入输出数据为基础，通过对系统特征的提取构成以模式识别描述分类方法为基础的模式描述模型。它几乎不需要有关系统的先验知识，可直接利用系统日常操作相关数据，因此非常适用于非线性系统软测量模型的建立，并且有成功的应用实例。

3. 基于神经网络的软测量模型

神经网络技术根据对象输入输出数据直接建模，无需对象的先验知识，在估算高度非线性和严重不确定性系统方面具有巨大的潜力，而且其较强的学习能力对模型的在线校正十分有利。多层前向 MFN 是神经元网络的一种，它提供了能够逼近广泛非线性函数的模型结构，理论上只要允许有足够多的神经元，任何非线性连续函数都可由一个三层前向网络以任意精确度来近似。在 MFN 中应用最广泛的学习算法是 BP 方法，多层前向网络在软测量技术中得到广泛的应用。模糊逻辑控制技术是模仿人脑的逻辑思维，它在处理非线性和不确定性的对象模型时也得到大量的应用，将神经元网络和模糊逻辑控制技术有机地结合起来，取长补短，形成模糊神经网络技术，在软测量建模中将发挥更大的作用。

四、软测量模型的在线校正

由于生产过程的时变性，以及由于工艺改造、原料特性变化、操作条件改变等引起的对象特征发生变化，因此软测量模型必须进行在线校正，尤其是对于复杂的工业过程。

软测量模型的在线校正可采用在线自校正和不定期更新。在线自校正是指软测量模型在线运行一段时间后，根据对被测变量的离线测量值与软测量模型中的被测变量的估计值之间的偏差对软测量模型进行在线校正，以得到更适合于新情况的软测量模型。不定期更新是指特性发生较大变化，当前的软测量模型无法保证测量精确度时，则必须利用已积累的新样本对软测量模型进行校正。

软测量技术已经在过程控制与系统优化领域得到了广泛的应用。如人工神经网络应用于预估催化重整生成油辛烷值和汽油分离塔产品性质，神经网络模型用于估算原油分馏中间产品的质量，以及 RBF 神经网络用于原油蒸馏塔常三线柴油 90% 点质量在线估计，这些应用都取得了满意的结果。